2017年度国家社会科学基金青年项目"地方环保治理中的选择性政策执行研究"（17CZZ020）成果

治理现代化论丛

转型中的地方环保治理

庄玉乙　著

中国社会科学出版社

图书在版编目（CIP）数据

转型中的地方环保治理 / 庄玉乙著. -- 北京：中国社会科学出版社, 2025. 5. --（治理现代化论丛）.
ISBN 978-7-5227-5063-7

Ⅰ. X321.2

中国国家版本馆 CIP 数据核字第 20255AJ133 号

出 版 人	赵剑英	
责任编辑	孔继萍	
责任校对	季　静	
责任印制	郝美娜	

出　　版	中国社会科学出版社	
社　　址	北京鼓楼西大街甲 158 号	
邮　　编	100720	
网　　址	http：//www.csspw.cn	
发 行 部	010-84083685	
门 市 部	010-84029450	
经　　销	新华书店及其他书店	

印　　刷	北京君升印刷有限公司
装　　订	廊坊市广阳区广增装订厂
版　　次	2025 年 5 月第 1 版
印　　次	2025 年 5 月第 1 次印刷

开　　本	710×1000　1/16
印　　张	15
字　　数	231 千字
定　　价	88.00 元

凡购买中国社会科学出版社图书，如有质量问题请与本社营销中心联系调换
电话：010-84083683
版权所有　侵权必究

目 录

第一章 导论 …………………………………………………………（1）
 第一节 研究问题 ………………………………………………（1）
 第二节 方法与结构 ……………………………………………（3）
 第三节 研究贡献 ………………………………………………（6）

第二章 文献回顾 ……………………………………………………（9）
 第一节 环境保护中的政策执行 ………………………………（9）
 第二节 中国环境保护体制的结构特征 ………………………（14）

第三章 中国的环境治理体系 ………………………………………（25）
 第一节 环保议题的出现与演变 ………………………………（25）
 第二节 中央层级的环保决策与执行 …………………………（27）
 第三节 国家环保人员和环保财政的增长 ……………………（38）
 第四节 地方的环保决策与执行 ………………………………（42）

第四章 中央与地方的行为逻辑 ……………………………………（55）
 第一节 地方政府的角色和偏好 ………………………………（55）
 第二节 委托—代理中的命令、激励和信息问题 ……………（57）
 第三节 中央政府的角色与偏好 ………………………………（64）
 第四节 中央政府的理论策略 …………………………………（66）
 第五节 中央政府的具体策略 …………………………………（69）

第五章 压力与信息如何影响地方政府的环保政策执行 …………（88）
 第一节 评价政策执行得失：大而化之还是细分领域 ………（88）

第二节 解释框架：命令与信息强度的组合 …………… (91)
第三节 案例分析 …………………………………………… (94)
第四节 压力传导与技术治理：中央环保政策的改革逻辑 …… (105)
第五节 小结 ………………………………………………… (106)

第六章 环保督察与地方环保部门的组织调适和扩权 ………… (108)
第一节 组织调适与环保督察：研究回顾与分析框架 ……… (109)
第二节 地方政府的组织调适：动因与表现 ………………… (113)
第三节 组织调适机制与督察成效 …………………………… (122)
第四节 小结 ………………………………………………… (125)

第七章 环保督察下的地方政策执行选择 ……………………… (127)
第一节 "一刀切"与"集中整治"：理论回顾与概念
        辨析 ………………………………………………… (128)
第二节 解释框架：地方政府资源与任务治理难度 ………… (131)
第三节 案例：环保督察下的 A 县 …………………………… (135)
第四节 "一刀切"抑或集中整治：选择逻辑与后果 ……… (138)
第五节 小结 ………………………………………………… (143)

第八章 地方环保机构垂直管理改革何以提升执法强度 ……… (145)
第一节 概念与文献综述 ……………………………………… (146)
第二节 C 县环保机构垂直管理改革历程 …………………… (149)
第三节 C 县环保垂直管理改革的案例 ……………………… (153)
第四节 环保垂直管理何以提升执法强度：组织和政府间
        关系的解释 ………………………………………… (159)
第五节 小结 ………………………………………………… (165)

第九章 环保机构垂直管理改革中的上下级博弈 ……………… (167)
第一节 文献述评与理论框架 ………………………………… (168)
第二节 垂直管理改革进程中的上下级谈判案例 …………… (173)
第三节 谈判空间的渐次打开：各方出发点与行为逻辑 …… (178)

第四节　谈判模式和谈判空间的运用机制 …………………（184）
  第五节　小结 ……………………………………………………（186）

第十章　运动式治理如何走向常态化：海关进口固体废物监管模式的融合与重构 …………………………………（188）
  第一节　运动式治理：研究综述 ………………………………（188）
  第二节　案例：海关对进口固体废物的监管 …………………（191）
  第三节　案例分析：运动式治理如何向常态化治理转变 ………（203）
  第四节　海关运动式治理转向常态化的成因与模式 …………（205）
  第五节　小结 ……………………………………………………（209）

第十一章　结论 …………………………………………………（211）

参考文献 …………………………………………………………（215）

后　记 ……………………………………………………………（235）

第一章

导 论

第一节 研究问题

改革开放以来,中国在获得高速经济增长的同时,也付出了沉重的环境代价。雾霾、污水和生态破坏等问题曾经备受关注。为应对这些问题,国家提升环保部门地位并加大了政策执行力度。中国作为一个幅员辽阔、人口众多的国家,有着多层级政府。因此,各个政策领域内的政府间关系能否良好运转,事关该项政策领域治理的成败。那么,中国在环境治理中的中央与地方关系是如何设置的?在实际中政策执行是怎样运作的?中央与地方关系等因素如何影响了环保政策执行的成败?

关于中国环境保护治理体系和环保政策执行的研究目前已经有许多,这些研究大体有几类思路:第一类是简要或总体式地描述目前中国环境保护体系中的上下级权责分配、中央与地方政府分工、职责权限、压力传导和组织激励等(Lo, 2015; C. Wu & Wang, 2007; Yu & Wang, 2013);第二类研究具体分析环保监管中的成败,并指出存在的问题,如中央对地方环保工作缺乏控制(Kostka, 2014, 2016),存在着各种激励不当(Ran, 2013)、绩效考核欠妥(J. Liang, 2014; J. Liang & Langbein, 2015)、执行偏差(冉冉,2013,2014)、地方造假(A. L. Wang, 2013)、上下级部门间的讨价还价等问题(周雪光、练宏,2011);第三类研究讨论环保领域政策执行中出现的运动式治理现象,关注为何会有这类运动式治理,其中上下级政府间的关系是怎么样的,以及运动式治理的成败与持续性(Liu, Lo, Zhan, & Wang, 2015);第四类研究考察环保执行力度为何在中国的各个区域间会有所不同（Schwartz，2003）。

这些已有研究无疑对我们理解中国环保政策执行中的中央与地方关系有了很大的帮助，但还存在着以下几个缺陷和不足。

第一，近年来的环境保护体系进行了一系列改革，包括相关法律法规的修改、环保督察、环保约谈和省以下垂直管理改革等。这些举措整体上加强了中央对环保监管事务的管控，对地方政府形成了强大的压力和激励，使地方环境质量有了很大的改善。在此期间，也产生了一些问题，如一些地方采取"一刀切"应对环保督察、一些地方试图干扰监测数据等。这一系列新的改革如何增强了地方环保政策的执行效果，又为何导致了衍生的负面效果？对此，本书将跟踪最新的一系列改革，对改革如何重新塑造上下级政府间关系，这些新的上下级政府间关系又是如何影响了地方政府的环保治理行为进行分析。

第二，已有的关于中国环境保护治理的具体实证研究往往只针对环保领域某些子领域如选择大气污染、水污染、节能减排等某一种具体污染防治进行讨论，并且往往只将注意力放在某一政府层级。只关注个别污染领域假定了一种或一些污染治理（如水污染治理）成败即可代表环保部门的所有努力的成功与否，但该做法未必符合现实情况，它假设了环保部门的注意力会无差别地均分在各项事务上，并且忽略空、天、水、土等众多领域的差异。只关注一个层级政府固然可以就该级政府如何进行环保治理进行深入分析，但往往忽略了政府间关系扮演的重要角色。针对这些问题，应当在地方环保政策执行中对不同的环保政策分开进行讨论，并将地方环保政策执行置于中国整个政府体制的政府层级、激励设置和官员考核的背景下进行讨论，探究各个层级政府间的互动如何影响了环保体制的运作。

因此，本书更进一步研究的问题是，政府间关系如何影响了地方环保政策的执行？地方在环保各项政策的执行中的努力程度是一致的吗？有没有差别？如果有，中央和地方关系中的哪些因素决定了这种差别？各种类型的环保政策的哪些特征影响了执行的最终效果？回答这些问题，有助于我们将中国的环保治理体系更好地放置在普遍的治理体系中加以理解。本书试图结合中国的压力型政府体制和委托—代理机制中的命令与控制机制等理论进行解释。经典的委托—代理机制讨论了委托人如何给予代理人激励和控制，以及代理人在不同的任务中，如何策略地根据受到的激励和控制行为的强弱来进行行为的选择，包括将注意力更为集中在某些领域而相对忽视其他领域，从而出现执行不足、执行适当或者执行过度等情况。

对地方政府的政策变通和波动执行现象的研究已经在食品药品监管、计划生育等政策领域有了一定的基础（刘骥、熊彩，2015；刘鹏、刘志鹏，2014；陈家建、张琼文，2015）。这些研究有个特点，都点明了中国不少政策领域存在着政策执行中的变通和波动现象，但似乎都假定中央知晓这些问题的存在，并采取了诸如加强问责等方法，但仍然只能默许地方上一定程度的变通行为而难以有进一步的方法措施。那么在环保领域，伴随着中央政府的逐渐重视，中央除了传统的控制加强手段（如运动式治理和加强巡查等），有没有一些环保领域技术特征明显的命令与控制手段呢？本书也将讨论中央政府的应对方式。一些研究讨论了中国如何通过塑造和改变中央与地方关系来强化国家能力（Edin，2003）。对中央政府的行为分析也有助于理解在环保治理领域中，国家能力是如何建设起来的（S. Wang，2003）。最近几年来，中央出台了包括污染物总量控制、区域限批、环保督察、环保约谈和建立省以下环保垂直监管体系等，这些措施使得环保治理走向了正确的道路上。

现实中各地在改革前后的政策执行情况也证明了这些举措的有效。那么省以下垂直管理改革何以能够提升地方的环保治理水平，它是如何使上级能更有效地提升下级的环保治理水平的？虽然省以下环保垂直管理改革作用很多，但改革本身的过程是复杂的，要改变部门管理体系并影响工作人员的隶属关系，有着许多的利益需要调整，充满了博弈。以往在诸如国务院行政机构改革中，改革的最终成功都离不开这些复杂的博弈过程及相关人员的分流转置等。那么省以下环保垂直管理改革中，各方是如何进行各种博弈、妥善调整各类利益格局并最终实现改革成功的？本书将尝试回答这些问题。

第二节　方法与结构

本书以环保事务中的政策执行为经验材料，探讨中央地方关系的调适与变迁。在具体分析中，对制度、制度变迁及其对行为主体的变化均加以分析，将静态的描述和动态的过程追踪相结合，呈现了既定制度、法律法规所确定的环保事务政府间关系，并追溯了历史发展过程。作者根据在原环境保护部和数个地方对环保相关政府人员的访谈和参与式观察，结合一些具体的政府文件，来探讨环保治理中的中央与地方关系的调适过程。本书首先提出一些分析框架，然后在一些政策领域通过追踪政策变迁和技术手段的发展，来讨论中央地方关系的调适。通过结合实地调研的经验，试图呈现一些细节以讨论因果机制，并获取对真实世界的更深认识。

作者在全国多个地区进行了调研。选择这些地方进行田野调研，一个原因是在描述不同类型的环保子政策的执行差异时，需要在不同的区域进行一定的比较分析和相互印证，以更好增强定性研究中结论的可靠程度和普遍适用程度。另一个原因是作者有便利的渠道联系访谈。在对各个地方的环保政策执行情况进行观察和访谈的同时，作者还对中央环保部门相关人员进行访谈，希冀以此来理解中央如何策略式地应对地方在一些环境政策中的执行不力问题。

虽然作者在数个省份进行了田野调研，但本书的重点不在地区间环保政策的执行差异。因此，为求简洁，在行文中刻意忽略了中国广袤的领土内部各地方政府在执行环保政策中的力度差异，将它们视为常量，而专注于讨论政府间关系如何影响地方政府环境政策的执行力度。这种方式固然忽视了诸如经济发展水平、产业结构、领导重视程度、历史传统、环保模范城市与否等重要的地区间差异变量，但采用此种方法能使研究更为聚焦。

在污染类型的选择上，目前环境保护问题涉及范围广泛，包括大气污染、水体污染、土壤污染、噪声污染、生态保护、风沙林防护、节能减排等问题。不同环境问题的分布、严重程度、治理手段等差异颇大，本书主要根据污染的广泛性和田野调查所了解的情况，重点考察大气污染、水污染、土壤污染三类污染问题。大气、水和土壤污染在地域分布上十分广泛，中国乃至世界上许多国家和地区均有这些污染问题。并且由于污染外溢、治理需要协调等原因，涉及较多的上下级政府间关系。而另一些污染或生态破坏问题，则因为只在局部出现

（退耕还林、还草）、过时（臭氧层空洞）、污染点影响范围小、治理难度低（如噪声污染）等原因，不具有对政府间关系的普遍讨论意义，因此未予讨论。

在时间跨度上，本书所关注的主要是2013年之后的情况。2008年，环境保护总局被提升为环境保护部，职权得以加强。2013年以来，中央下发了一系列新文件，提出了一系列新举措，改变了过去的中央与地方博弈的平衡点。其中有几个重要参考时间点。一是2011年11月16日，环保部在修订《环境空气质量标准》的工作中准备增加PM2.5指标，二是2012年11月中共十八大召开，2013年3月十二届全国人大召开，完成中央人事更替。2015年后陆续任命了新的环保部长，并且环保部在2018年改组为生态环境部。① 大气污染等问题受到的广泛关注为改革提供了背景和民意支持，而新任国家领导、部门领导和部门改革则推动了新政策的出台。

本书将抽象地讨论中央和地方两个政府主体。中央泛指中共中央、全国人大、国务院和与环保工作相关的各部委，在许多时候仅指国务院和生态环境部（原环境保护部）。地方政府主要指区县级政府，是政府序列里有环保正式机构的最低政府层级。在一些情况下，地方政府也可以指市和区县级政府。本书不对乡镇政府层级做太多讨论。乡镇虽然部分有专门的环境监察队和专属环保人员，但一般不设专门环保部门，主要受区县级环保部门管理。省级政府和省级环保部门的职权和功能相当重要，也有许多集权与分权的可研究之处（Mertha，2005）。本书除了在讨论省以下垂直管理改革时对省级进行了研究，其他部分在讨论到省级层面时，主要将省一级视为上听下达的中间机构而较少讨论。

本书结构安排如下：第一章提出问题。第二章简要讨论了一般意义上环境监管中的基本理论，并回顾了既有的对中国环境治理体系的研究。第三章简述中国环保体制变迁并描述目前中国的环保治理体系的主要参

---

① 环保部历任部门的领导为：国家环境保护局局长：曲格平（1987—1993），解振华（1993—1998）；国家环境保护总局局长：解振华（1998—2005），周生贤（2005—2008）；环境保护部部长：周生贤（2008—2015），陈吉宁（2015.2—2017.5），李干杰（2017.6—2018.3）；生态环境部部长：李干杰（2018.3—2020.4），黄润秋（2020.4—）。

与主体。第四章提出总的分析框架,描述地方政府在环保事务上的偏好和行为选择,以及中央政府在环保事务上的偏好和行为选择。第五章讨论地方的选择性执行并讨论中央由此采取的相应策略。第六、七章对环保督察工作进行了研究,讨论上下级政府间关系如何影响了地方环保政策执行和部门应对举措。第八、九章研究了省以下垂直管理改革,对改革和其中涉及的上下级关系变动和谈判过程进行了分析。第十章对海关固体废弃物监管模式进行研究,主要讨论海关内部上下级关系如何影响运动式治理的发起及其常态化转型。第十一章是结论。全书以各地的不同案例,详细讨论目前中国环保系统的运作逻辑。

第三节 研究贡献

本书尝试与不同类别的既有研究进行对话并作出推进。

第一类研究是关于环境立法、制度、监管和执行的文献。现有文献已经对各国环境保护中涉及的公共物品理论、制度设计、法律制定、政府间关系和基层实际执行等均有不少研究。其中对街头官僚和基层官员在实际的监管和行政工作中是怎样执行相关政策的研究发现,不同的案例和场景因素影响颇大,结论也往往因时、因地、因执行者和被执行者关系等而异。本书讨论了中国的地方政府和环保官员如何依据科层体制、上下级政府关系、目标设定、监管者与被监管者的互动等具体情境进行相应的政策执行,将既有的研究路径应用在了中国的情境之下,进一步丰富了已有研究。

第二类研究是关于中国政府治理体系的文献。本书虽然选择了具体的环境政策领域进行讨论,但环保领域也与其他的政策领域有许多共同点。因此,通过讨论环保治理这一政策领域和一些具体个案,本书有助于更全面地理解中国政府的治理逻辑。具体来看,本书与一些既有对中国治理体系的研究中涉及的选择性政策执行、压力型体制、绩效考核、国家能力建设、运动式治理等进行了对话。例如,欧博文和李连江较早观察到在中国农村中存在着选择性政策执行问题(O'Brien & Li, 1999)。本书将选择性执行这一解释框架类似运用在了环保政策内部。发现在环保领域,依据自上而下的压力传导和信息收集是否准确,可以将环保领域不同子政策更好地进行分类以理解其中的机理。部分发现还印证了不少已有研究中对于中国体制中其他政策领域执行效果的发现。例如，周雪光指出计划生育这一行政资源消耗巨大的政策之所以能够成功，得益于强大的激励机制、高度动员的压力型体制、持续有效的注意力分配和数字管理机制（周雪光，2011）。高洁认为，采用数字化考核官员方法加强了中国国家能力建设，在一些政策领域尤其明显（Gao，2009）。

第三类研究则是专门对中国的环境治理体系本身的讨论。这些研究讨论了中国环保治理中的中央地方关系和压力型体制（Lo，2015；Yu & Wang，2013）、官员的激励问题、运动式治理等（Liu et al.，2015）、环保政策在执行中的偏差问题等（冉冉，2013，2014，2015）。本书在借鉴这些研究的基础上，也尝试作出了推进。例如，对政策执行偏差问题，冉冉的研究使用了模糊—冲突政策执行模型（冉冉，2015，p.21），并更多地对压力型体制持批评态度。本书认为，各项环境政策的子领域在执行中或多或少都会出现政策执行偏差，但是这种偏差有可能是消极的，也有可能是积极的，需要放在具体的情境下进行讨论。因而，我们将环保领域分为不同的子领域，解释了压力型体制如何在不同子领域取得一定成效或失败的，并分析了这些执行偏差带来的运动式治理依赖问题。本书在立意上，对目前中国的环保压力型体制既承认其仍有不足，但又有意讨论这一转变中的体制是如何取得了较大的成功。

虽然本书尝试推进现有的研究，但在分析框架、案例选择和时限上仍不可避免存在一定的局限性。研究中主要采用一些精简的解释框架，通过数个田野案例描述地方政府的环保政策执行情况，必然存在着一个问题，即这些框架是否具有普遍的适用意义，能否全面而准确地刻画出中国不同地方政府的共同行为方式，以及这个解释框架的时限问题。首先，在代表性上，限于田野调查的个案数不大，以及田野案例的选择，我们的研究结论未必能全面适用于中国各个地方的情况。但是，本书的解释框架根植于作者在数省的实际田野调查经验，在相当程度上仍然能够反映出许多地方的情况。其次，在政策类型上，研究中讨论的环保子政策类型有限，主要在大气、水和土壤污染等，而对噪声污染和挥发性有机化合物（VOC）等许多类型的污染未及讨论。最后，在时限上，我们的不少研究发现是针对过去数年的情况。对中央政府新近采取的诸如省以下环保监测监察执法垂直管理改革等做法，各地仍在持续调整中，未能有足够时间观测实际效果，只能依据理论作出猜测。这些研究发现和结论还有待未来研究进一步讨论。

第 二 章

文献回顾

　　本书主要对话的文献有以下几类：第一类是关于环境保护的政府工具、监管、国家与社会关系、政府间关系等一般理论；第二类是关于中国的治理体系特征；第三类是关于中国环保政策执行和监管中的治理体系与上下级政府间关系问题。

第一节　环境保护中的政策执行

　　由于环境的公共物品性质、污染的外溢问题及其难以界定的产权，私人企业无法充分提供优良环境这一公共物品，因此，污染控制和污染治理需要由政府通过财税和监管手段等来帮助市场共同提供，从而弥补市场失效。作为监管主体的政府，在环保决策和执行中面临了一系列与其他政策领域相似和不同的挑战，包括如何处理国家与社会关系、如何处理政府间关系等。

　　在环保治理中，政府有许多工具可以运用，例如采用立法、行政、财政、公众教育和与社会团体进行合作等手段（Duit，2016）。其中首要的是制定总体的环境法，并具体制定一些子领域中专门的法律，从而使环境治理有法可依。其次是政府的政策执行，包括监管、财税补贴和类似市场化的方式等。再次是借助公众个人和环保社会团体力量。依靠他们分布广、网络强的特点，在出现一些局部环境问题时，能够提醒监管部门，起到一种"拉火警"的作用（sound the fire alarm），还可以帮助进行理念宣传和日常监督，提高公民环境意识。

一　环保治理的政府工具

环保政策的制定与执行直接事关环保治理的好坏，不同国家间的差异化政策安排往往导致效果差异巨大。就机构设置和组织架构而言，是否设置专门的环境保护部门，其涵盖职能有多大，如何进行日常监管，是政出一门还是政出多门，如何保持部门间协作，上下级政府采用集权还是分权的方式，由谁首先负责，责任如何分配，对跨区域污染如何协调，这些都需要从组织角度进行安排，也是本书的重心所在。从财政上看，一个国家内部各级政府的财政都是有限的，分配多少给环保事业直接反映了该政府对环保治理的重视程度。对环境研究的经费支持、对节能减排的投入和税收减免等都可以视为环保支出。上下级之间如何分配也对资金利用效率有影响。

政府在实际对企业等主体执行环保政策时，有几种主要的政府工具。第一种是命令—控制式工具（command-and-control instruments），第二种是基于市场方法的工具（Adjaye，2000）。命令—控制式工具是传统的环保监管手段。命令即为下达行政命令，要求污染不得超过一定水平，控制则表示政府需要监测并确保污染处理标准被执行（Rosenbaum，2014）。最常见的是要求企业排污必须满足一定的标准，否则进行处罚等。环境评价制度、"三同时"制度等也属于这些政府工具。污染的标准问题颇为复杂，可以分为总量排污标准（ambient standard）和个体排放标准（emission standards）等。总量排污标准的核心是要求一定区域内的水和空气质量达到一定标准，或者该区域污染物排放总量不能超过一定标准。个体排放标准即直接规定企业的排污必须达到一定标准。这又能细分成最终排放标准（performance-based standards）和采用技术标准（technology-based standards）。最终排放标准要求企业最后排放的污染物达标，而技术标准不仅要求排放达标，还要求采取最好或者特定的技术方法。

第二种市场行为工具采用价格和其他经济学的方法鼓励企业进行污染减排工作。可供选择的政府政策包括排污收费、特许经营、内部污染物交易市场、政府保险、保证金抵押、奖励清洁能源、鼓励清洁技术发明等。就污染治理项目的产权而言，可以采取国有企业、民营化方式或者合同承包等方式进行项目建设和日常运作。具体采用哪些政策依不同地区的情况和问题而定（Salamon，2002）。

二 政府组织中的层级、激励与委托—代理关系

在实际的环保监管和政策执行中，相关政府工具究竟有多大成效，很大程度上取决于政府内部在环境保护领域的结构如何，包括怎样处理上下级关系等内容。

世界上绝大多数国家，只要人口和地域达到一定规模，均有多层级政府的存在。这些层级的存在决定了政府间关系是政治和行政的重要内容。组织行为学和组织社会学为我们研究政府组织的内部运作提供了重要视角。在委托—代理理论中，中央或上级政府作为委托人，相应的下级或地方政府则作为代理人。组织都是为了一定的目的而存在的，由于组织的层级关系和委托—代理关系，如何给予组织内部的组织和个人以合适的激励对组织实现其目标至关重要。简而言之，做对激励对组织十分重要。同样，应用于环境领域，理顺政府机构的环保激励和环保机构内部的激励也十分重要。

委托—代理关系可能存在着几个问题。由于委托方和代理方可能存在着利益不一致和信息不对称的现象，导致道德风险和逆向选择等（Eisenhardt，1989）。例如，道德风险（moral hazard）是因为委托人对代理人的工作实际绩效信息掌握不全面，只能依靠一些简易指标进行测量，因此代理人就会有很强的动机将这些指标易于测量的事务做好，而不管这些事务是否是委托人真正希望代理人做好的目标。

学界对地方政府、街头官僚（street-level bureaucracy）和基层官员在实际中如何执行上级政策的研究就是在回答代理人是怎样在具体情境中执行委托人的政策的（Lipsky，1980）。行政事务官员通常被赋予一定的自由裁量空间，可以依具体情境适时调整。这种裁量空间在优点上，给予了官员们依据具体时间和地点等条件不同而相应进行调整的权力，有助于政策在执行中更为贴近地方情况。在缺点上，这种裁量空间则可能给予官员们一定的政策扭曲执行的空间。例如，地方政府和基层官员可能因上级压力大小、任务完成难度高低、被监管或服务的对象不同等情况，来扭曲政策的执行。因此，通过研究具体哪些因素影响了地方政府和官员的执行，可以帮助我们更好地理解真实情况中的政策执行情况。

对委托人而言，应对这些问题，可以通过加强对代理方的信息掌握情况来减少利益损失。但是由于信息不对称，加之代理人往往数目庞大，委托方如果要全面知晓代理方的实际执行情况在技术和经济上都不易实现（Ross，1973）。如果委托人能找到一些简便易行的控制方法，则能极大地帮助委托人控制代理人的实际行为。

这些层层委托—代理关系的现象在中国同样存在和适用（周黎安，2014）。组织层级和委托—代理关系涉及中国政治和行政体制中的条块关系问题。目前这些对委托人和代理人之间的互动、基层政府的实际执行等在西方学界和中文学界已经有了许多研究，但具体到中国的环境政策领域还显得不足，学界的研究也尚未有明确定论（Kostka，2016；Ran，2013；A. L. Wang，2013）。

三 政府间关系以及国家与社会关系的理论分型

针对环保治理中的中央与地方权力如何划分，以及国家与民间力量的关系是国家主导还是国家与社会合作，大致有两个大的理论方向，第一个是环保民主论，它基于一般的民主理论而兴起，并衍生出环保联邦主义这一类型。第二个是国家主导论，它是在批判环保民主论的基础上形成的。

环保民主论（Democratic Environmentalism）认为，在保护环境过程中，要重视公民的知情权，将环境保护的政策制定与执行过程纳入公民听证和民主协商等，重视地方政府的环保积极性并给予充分的分权，以允许地方政府依地方情况和本地公民需求制定与执行适宜本地的环保政策。环保民主论认为，民主对环境带来的优点有：一是促进个人的权利自由和理念的自由竞争；二是增强政府的回应性；三是通过信息自由促进政府和公众的学习与实践；四是增进国际合作；五是提供更多的市场解决机制（Payne，1995）。实证研究方面，不少研究对环保民主论作出了实证检验，其中一些持支持态度（Winslow，2005），也有些研究呈现出比较复杂的结果（Midlarsky，1998）。讨论经济发展和环境质量关系的倒"U"形环境库兹涅茨曲线（Environmental Kuznets Curve）也常被引申用于讨论环保民主论（Grossman & Krueger，1995）。

近年来，学界对环保民主论作出了反思，指出环保民主论可能存在一系列缺陷，包括：民主社会易于形成强大的利益集团，包括各类环保既得利益集团，游说立法机关或俘获地方监管者；地方政府可能存在着保护主义，对本地区的污染企业降低环保标准和执法力度；民众的科学素养可能不足，无法认识到环保的重要性，甚至会因为污染带来的诸如工作和收入等私利，而抵制有效环境政策的执行。一些学者开始使用国家主导论概念，并用它来形容或研究一些国家中，国家起主导作用的环境保护治理体制（Beeson，2010；Duit et al.，2016；Lo，2015）。

那么国家主导论义具体含义是什么？有哪些基本特征？根据学者的概括，一是国家与社会关系来看，环保政策的制定和执行过程由一个不受过度公众控制或影响的自主政治机构作出（Gilley，2012；Lo，2015）。二是在政府内部环境决策和执行中，上下级政府间关系主要采取命令、控制和压力式的环保监管方法，自上而下推进环保监管。

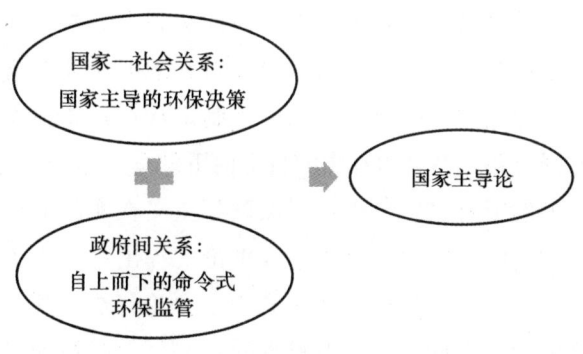

图2-1 国家主导论构成要件

在政府间关系问题上，当今世界多数国家有着不止一级的政府机构设置，多个政府层级的存在决定了政府间关系问题的重要。当今的环保领域莫不如此。一个容易引起争议的问题是"如何在各级政府之间配置有关环境政策的权力"（Dalmazzone，2006，p.459）。由于环保决策通常是在具有多级政府的体系之下进行的，那么在制定环境标准、设计管制措施和具体执行这些措施中，各级政府应如何分工协作才合适？

对于这个问题的理论研究，环保民主论、环保联邦主义和国家主导论三种理论各有偏好。环保民主论比较倾向于分权化、地方化的环保治理体制。而奥兹等人提出的环保联邦主义是环保民主理论的一种改进类型，认为应当依据污染物的外溢程度相机抉择应该由哪级政府处理这一污染问题（Oates，2002）。环保联邦主义学说认为，环保决策应该尽可能交给地方政府执行。但是，不同的污染物外溢性程度可能不同，有些污染物只会影响本地环境，有些则会跨越数个政府辖区，而另一些则可能是全球性的。针对第一种纯粹的地方污染物，可以完全交由地方政府依本地情况进行治理。第二种类型是地区间外溢的污染，这种类型十分常见，需要通过中央干预，例如制定统一的环保标准、征收污染税、向地方政府提供适当的补贴等方式处理，或者通过地方间跨区域间的合作机制解决。第三种污染类型是可外溢到全国甚至全球的污染问题。对这些污染问题的防治是一种全国或全球性公共物品，毫无疑问需要由中央政府统一决定污染控制标准。

国家主导论与环保民主论、环保联邦主义不同。它不重视分权和因地制宜的地方政策执行，而是强调在政府间关系上，中央和上级政府应当通过各类命令和控制方式，要求下级政府和地方企业严格执行环保相关政策。国家主导论主张政府的环保政策制定和执行要独立于公民团体压力之外，并强化各类污染治理中的自上而下的垂直命令。

完全理想型的国家主导论或者环保联邦主义在实际的环境政策执行中是难以见到的。国家主导论等概念或理论的提出都是为了简化被描述的对象和理论，而这一简化过程往往充满了争论。这些既有的文章通常仅从一般的制度设计上谈论，或者只选择一些环保政策加以讨论这种环保体制带来的优点（Moore，2014；X. Zhu et al.，2015）。虽然它们的适用程度和精确性多少存在问题，但仍为我们理解各国的环境治理提供了一定的启发。

第二节　中国环境保护体制的结构特征

既有关于中国环保问题的学术研究已经发展出了多个主题，包括对环境质量的一般化讨论、对环保问题的国际参与、对环保事务中的社会组织与公众参与，以及本书主要关心的环保治理体制和科层压力与政策执行的研究。

第一个方面是关于环境质量和污染破坏本身的研究，主要讨论中国的污染现状、表现和成因等（G. Chen, 2009；Economy, 2004；Shapiro, 2012；冉冉，2015）。对企业的产权性质的研究发现，企业内化的治理意愿、经济效率与对政府的讨价还价能力和政企关系等对企业的环保治理结果有影响（X. Li & Chan, 2016；Lorentzen et al., 2014；H. Wang & Jin, 2007；Y. Wang, 2015）。对外部性问题的研究也测算了各省间大气污染相互的外溢程度[①]并发现污染企业更常分布在与周边省的交界县内（Duvivier & Xiong, 2013）。

第二个方面是中国在环保问题上的国际参与。中国当代的环保理念最初来源于参加的国际会议。中国后来逐渐签订了各类国际合作协议，参与讨论各类议定书等。在中国的环境治理过程中，环保国际条约和外来的资金与技术援助对中国学习环保治理经验起了很大作用（Morton, 2005）。中国已经越来越深地参与到气候变化问题和温室气体减排目标的国际合作（G. Chen, 2012）。

第三个方面是社会组织和公众的参与。许多研究关注环境非政府组织（NGO）如何在中国现有环境治理体系中扮演角色（Hsu, 2010；Shapiro, 2012；Tang & Zhan, 2008；G. Yang, 2005b；J. Y. Zhang & Barr, 2013）。他们指出，环境类的 NGO，其生存环境依赖于政府的许可和支持，学者也提出了不少概念以概括这种现象（Saich, 2000；Spires, 2011）。在具体的环境 NGO 运作机制中，环境 NGO 常常有制度渠道内的诉求反映机制（G. Yang, 2005b, 2009）。一些研究还比较了不同区域内环保 NGO 扮演角色大小的差别（Xie, 2009；Wu, 2013）。另外，有许多研究讨论了公众在环境诉求中的话语建构（Deng & Yang, 2013）、动机意愿（周志家，2011）、邻避运动（Johnson, 2010, 2013；Lang & Xu, 2013）、各类策略和方式（Deng & O'Brien, 2013, 2014；Steinhardt & Wu, 2015；van Rooij, 2010；G. Yang, 2005a）、动员结构（Xie, 2009）、互联网属性（G. Yang, 2003）等。

中国环保治理的第四个重要研究领域是对中国政府环保机构的研究，

---

① 《PM2.5 跨省输送矩阵发布：北京 18% 来自河北》，《每日经济新闻》2016 年 7 月 11 日，记者：李彪，参见 http://www.nbd.com.cn/articles/2016-07-11/1020711.html。

这也是本书所根植的基础。它的内容包括部门设置、权责关系、科层压力、激励和政策执行等内容。由于环保治理体制也属于中国一般意义上的政府体制的一部分，所以此处的讨论分为两个方面，第一，对一般中国的治理体制的研究，本书将首先简单回顾现有文献对中国政府治理体制中的政府间关系的研究。第二，关于具体中国环保治理体制中的政府间关系的研究。

一　中国的治理体系特征

对中国政府间关系的研究从古至今不胜枚举。对应于本书相关的话题，这里简要回顾文献中对中国治理体系特征、上下级政府间关系的安排、组织内部的激励、官员晋升锦标赛机制、绩效考核评估和运动式治理等话题的研究。

（一）上下级政府间分权的讨论

中国政府体制中最明显的特征是党的领导。在新中国成立后，国家常有集权和分权的探索。学界认为，中国经济转型的成功一定程度上要归功于中国在经济领域的分权式改革。钱颖一和许成钢用 M 型结构来形容中国多层次、多地区的政府层级制，以区别于苏联的 U 型"条条"体制（Qian & Xu, 1993）。M 型层级制在制度变迁中比较灵活，外部冲击的影响比较局部化，有助于地方进行试验，为地方改革创新提供重要激励，从而解释了中国地方政府的经济决策分权如何帮助不同类型的地方企业取得突破，快速实现了经济发展。戴慕珍提出了地方统合主义（local state corporatism）的概念，来解释地方政府何以有推动乡镇企业快速发展的动力（Oi, 1992, 1995）。在 M 型政府间关系和地方统合主义基础上，温格斯特等提出了市场维护主义的联邦制理论（Montinola et al., 1995; Qian & Weingast, 1997; Weingast, 1995）。他们认为，该种分权化的决策体制找对了激励（getting incentives right），保护了财产权利，为放活经济、增强竞争创造了条件，促使地方政府为经济发展而努力，对长期的经济和金融增长有促进作用。

M 型政府间关系、地方统合主义和市场维护主义的联邦制理论被提出后，有众多学者支持，也有部分学者提出了系统批评（H. Cai & Treisman, 2006）。针对这些理论，学界从理论和经验层面开始了对中国财政分权有无作用，后果是优是劣旷日持久的争论，蔚为大观。

（二）官员晋升锦标赛机制

在学界继续争论分权究竟有益还是有弊于地方治理的同时，一些学者提出基于绩效考核评估的官员晋升锦标赛机制理论。该理论认为，任何一种政府治理模式都需要解决信息不对称、监督和激励问题。中国中央政府面临的一大问题是如何监督下级政府。由于中国政府行政权力集中，监督和制约主要自上而下，当一些控制指标十分模糊时，监督成本非常高。只有上级有充分的激励督促和监督下级，才能确保被监督者不会出现共谋和偷懒。中国自改革开放以来推行以经济增长为基础的官员晋升锦标赛，通过向下级层层分解和加码，实际上将每一级政府都置于一种增长竞争格局中（Bo，1996，2002；H. Li & Zhou，2005；周黎安，2004，2007）。这种自上而下的政绩考核机制使中国政府在内部组织中通过分权模拟出一个类似企业的政治激励模式。

中国的行政考核机制为官员们展开晋升锦标赛提供了强激励，它帮助地方政府扮演了发展之手的角色。晋升锦标赛有几个优点，一是易于操作，依赖一些易于衡量的指标；二是承诺可信，那些绩效表现优秀的官员可望获得晋升；三是鼓励了地方的政策创新行为。

当然，晋升锦标赛也带来了相应的成本和问题（周黎安，2007）。一是多任务下的激励扭曲，官员只关注那些面子工程和被上级纳入考核的指标，对公众的需求回应不足（Y. Cai，2004）。二是过分干预地方经济，模糊了政府与市场的分工，既当裁判又当运动员，安全生产监督可能存在缺失（Nie et al.，2013）。三是导致重复建设和粗放增长（Y. Wang et al.，2008）。

官员晋升锦标赛理论提出后，相关的经验验证相当多。周黎安和薄智跃等验证了这一理论，他们认为，地方经济发展水平与官员晋升有显著正向关系。学界也有讨论官员晋升与财政汲取和财政收入增长的关系等（Guo，2007；H. Li & Zhou，2005；Lü & Landry，2014；Shih et al.，2012）。

不少学者在理论和经验分析上质疑官员晋升锦标赛的合理性，这些质疑有几种。第一种是对地方领导人究竟有多大权力的疑问（陶然等，2011）。第二种是对绩效考核如何进行的讨论。第三种是统计数据是否可信的问题（Wallace，2016；周飞舟，2012）。第四种具体针对何为晋升的定义和操作化争论。第五种最为重要的批评是对该理论内生问题的批评，这派学者常被称为"关系派"，以对应于上述的"绩效派"。关系派认为，政治关系网络（network）而非经济绩效是影响官员升迁的首要或者至少是一个重要因素（Opper et al.，2015；Sheng，2007；D. Yang, et al.，2014；杨瑞龙等，2013；陶然等，2011）。

（三）治理模式与政策议题

上述的市场保护的财政联邦主义和官员晋升锦标赛机制都有大而化之且包涵一切的倾向，在一些具体问题上的解释力常受到质疑。为应对这种并包一切的批评，学界的一个新趋势是将中央地方关系进一步在不同政策领域上进行拆解，以解释不同领域的表现差异，从而理解中国的治理模式。这种研究新趋势的核心在于回答几个看似悖论的问题：何以中国集中力量办大事的体制优势，能够实现经济快速发展，打造"两弹一星"，实现载人航天，但在食品安全、环境保护等监管领域却走过了许多弯路？为何在经济快速发展的同时也带来了诸多负面影响？

第一类是关于分权与试验、试点等政策制定模式的关系讨论。中国目前的分权设置方法一定程度上鼓励了政策实验并增进了调适能力。前述的 M 型政府间关系、市场保护主义的联邦制和官员晋升锦标赛都被认为促进了地方政策创新。立典型、促推广等是实践中重要的政策学习和扩散方式，许多地方的成功创新在获得中央肯定后被学习和推广至全国（Heilmann，2008；Heilmann & Perry，2011）。这种摸索实验、上下分治和颇具缓冲力的治理方式，增强了治理的弹性和调适能力（曹正汉，2011；Y. Cai，2008；Nathan，2003）。

第二类是对绩效考核、压力型体制和基层政府各类变通行为的研究。中国政府在许多政策领域采用了绩效考核、"一票否决"等方式督促地方遵照执行。荣敬本将之概括为"压力型体制"，即一级政府为了完成上级下达的各项指标，采取数量化任务分解的管理方式，把这些任务和指标层层量化分解给下级组织和个人，责令其在规定的时间内完成，并根据完成的情况进行奖惩（Gao，2009；荣敬本，1998；杨雪冬，2012）。由于这些任务和指标中的一些重要部分采取的是"一票否决"制，所以各级组织实际上是在这种评价体系的压力下运行的。

针对上级政府的压力，地方也有自己的回应和变通方式。"上有政策，下有对策"常被用来概括地方政府在执行政策中的变通行为。变通行为可以有多种表现：一是选择性政策执行，即基层官员会判断上级下发的命令中，哪些是硬考核指标，哪些是软指标，由此决定执行或不执行相应的政策（O'Brien & Li, 1999）；二是变通执行，即在政策执行过程中，对一些切实执行有较大难度的上级任务采取一些变通或目标置换的做法（刘骥、熊彩，2015；艾云，2011）；三是进行造假和面子工程等，包括数据、材料和文件造假，进行一些面子工程建设等（Y. Cai, 2004；杨爱平、余雁鸿，2012）；四是共谋，即在市、县区、乡镇等多个基层政府之间，采取共谋的方式一起对付上级进行的督导检查等（周雪光，2008；周雪光、练宏，2011）。

如何理解这些地方政府采取的变通行为？上级的高压力或超出地方实际能力的绩效考核指标，以及相应的问责制度是重要原因，它促使地方政府官员进行一些策略性的回应（Gao, 2015b）。中央政府和上级政府大多也知晓地方上存在各类变通行为，并采取了运动式治理和督查机制等方法来约束下级政府（冯仕政，2011；周雪光，2012；狄金华，2010；陈家建，2015）。

第三类则是近年来在中国不同政策领域里，针对中央地方关系进行命令与控制、寻租、治理等相关方面更细致的研究。这些研究与前一类研究紧密相关。周黎安等首先对不同政策领域作出了一些划分，他将行政发包制与前文的财政分权和官员晋升锦标赛联结为一体，认为以任务下达和指标分解为特征的行政事务层层发包、高度依赖各级地方政府和相关部门单位自筹资金的财政分成和预算包干、以结果导向为特征的考核和检查，这三个方面构成了中国政府间关系和行政治理的基本特征（周黎安，2014）。他提出，可以根据两个维度划分中国的各类政策领域。第一个维度是"纵向行政发包"，即是否根据属地进行一些政策事务的发包。第二个维度是"横向晋升竞争"，即通过奖惩规则、相对绩效评估甚至"一票否决"的考核方式。根据两者的高、低两种情形，形成了 2×2 的分析矩阵，可以将各种政策领域纳入其中的三种解释范围。一是两者皆高，地方有资源有动力将这些事务做好，主要有招商引资、维稳、计生等。二是两者皆低，该类事务一般由"条条"结构执行，地方不主动参与，包括国防、外交、中央银行、海关、铁路、航空航天。三是行政发包程度高，但是，官员晋升激励效果不佳的领域，例如医疗、教育、环保、社保、食品安全、区域合作、安全生产监督。上级政府虽将此类同样发包给地方政府，但是，因为政策优先程度较低、量化考核难以实行或成果难以迅速呈现等原因，地方的积极性较低。这三种类别中，两高和两低搭配的领域，可以体现出集中力量办大事的优越性，而行政发包程度高而官员晋升激励低的领域，因为地方官员的有限注意力和激励机制设计的困难，则成为治理能力偏弱的领域。

周黎安划分方式很有启发，但是也有一些缺点。第一，他将某一政策领域整体划入一种分类，并不考虑一种政策领域内部是否有差异。第二，他采取的是一种比较静态的分类，如果某一政策领域或其中的细分领域正处在加强绩效考核的过程中，则这一分类就无法捕捉到动态变化过程。

在这类划分的基础上，许多研究对为何一些具体政策能成功或者失败进行了政府间关系、组织、激励和政策执行变通等方面的讨论。例如食品安全政策的研究发现，过去的食品安全一是不受地方官员重视，二是企业数量庞大，生产过程不易于全面监管，三是在食品监管和政策执行中，存在着诸如名不副实、表里不一的变通现象（Yasuda，2015；刘鹏、刘志鹏，2014；曹正汉、周杰，2013）。对较为成功的计划生育政策的研究则发现，虽说计划生育的命令执行较为成功，但是地方上却有许多政策变通行为来策略性地应对上级的考核制度（刘骥、熊彩，2015；艾云，2011）。对维稳政策的研究发现，通过强化命令等方式，维稳一方面确实取得了成功，另一方面也产生不少其他负作用或意料之外的效果（Gao，2015a；Wang & Minzner，2015；X. Yan，2016）。

二 对中国环保政府体制的讨论

前文简要地回顾了对中国治理体系中政府间关系的既有研究。学者们的观点从较早时提出一些大而化之的解释框架，到稍后较为重视官员个人的激励，再到更为精细的对诸如食品药品、维稳、计生等政策中的上下级政府间关系进行分别讨论。类似地，近年来对中国环境治理中的上下级政府间关系的研究也逐渐兴起。那么中国环境治理中的中央与地方关系究竟是怎样的？

在已有的研究中，对中国地方环保政策执行的解释有几种思路。

第一类是简要或总体式地描述目前中国环境保护体系中的上下级权责分配。这些研究侧重于整体式地描述中国环境治理体系中的中央与地方政府分工、职责权限、压力传导和组织激励等（Lo，2015；C. Wu & Wang，2007；Yu & Wang，2013）。

第二类研究具体考察环保监管的成败。其中一些研究将环保监管视为一个整体，认为环保工作虽然随着时间在不断进步，但是由于政府体系的职责、层级和目标设置等，环保工作是整体不成功的（周黎安，2014）。另一些对环保体制的具体研究则通过更细致的描述和个案等研究认为，中央对地方环保工作缺乏控制（Kostka，2014，2016），存在着激励不当（Ran，2013）、绩效考核欠妥（J. Liang，2014；J. Liang & Langbein，2015）、执行偏差（冉冉，2013，2014）、地方造假（A. L. Wang，2013）、上下级部门间的讨价还价等问题（周雪光、练宏，2011）。

第三类研究讨论环保领域政策执行中出现的运动式治理现象。关注于这类打破常规的治理方法中，上下级政府间的关系是怎么样的，为何会有这类运动式治理，以及运动式治理的成败与持续性（Liu et al.，2015）。

第四类研究考察为何环保执行力度在中国的各个区域间有所不同（Schwartz，2003）。这一种思路主要考虑不同地方间经济发展水平、工业结构、历史遗产、官员个人偏好、地方政企关系对不同地区间的环保执行力度的影响，将不同地区的上下级政府间关系只看作其中一个影响因素。

这些已有研究无疑对我们理解中国环保政策执行中的中央与地方关系有了很大的帮助，但还存在着几个缺陷和不足。

第一，近年来的环境保护体系进行了一系列改革，包括相关法律法规的修改、环保督察、环保约谈和省以下垂直管理改革等。这些举措整体上加强了中央对环保监管事务的管控，对地方政府形成了强大的压力和激励，使地方环境质量有了很大的改善。在此期间，也产生了一系列问题如一些地方采取"一刀切"应对环保督察和歪曲监测数据等。这一系列新的改革是如何增强了地方环保政策的执行效果，又为何导致了一些衍生的负面效果？对此，本书将跟踪新近的一系列改革，对改革如何重新塑造上下级政府间关系，以及新的上下级政府间关系如何影响了地方环保治理行为进行分析。

第二，在过去一些具体的研究中，周黎安等在讨论中国的治理体系、机构设置、官员激励和行政发包制时，将中国的各项政策作出了分类，其中将环保政策、食品安全等整体划在较为失败的领域（周黎安，2014；曹正汉、周杰，2013）。这种划分方法固然有助于我们更好地理解中国的治理体系，但是这种较粗的划分方式却无法解释我们在现实中观察到的，环保领域某些政策被地方执行的不佳，而另一些环保子政策却被执行得较好的情况。环境问题涉及空、天、水、土等众多领域，每一领域都有自己的特点。有些子政策中，中央的控制能力弱，而另一些则可能中央的控制能力强。这就会形成环保不同子政策在地方执行努力情况不一致的情况，需要在周黎安等的研究基础上做进一步分析。

第三，已有研究在讨论环保问题治理时，往往只选择大气污染、水污染、节能减排等某一种具体污染防治进行讨论，或者在讨论中宽泛地使用几种污染治理作为材料加以佐证作者的观点。这些已有研究最常列举的环保治理工作内容是水污染、空气污染或者生态破坏中的一个或几个，这就假定了一种或一些污染治理的成败即可代表环保部门的所有努力的成功与否。这涉及几个问题，第一，一种污染防治的代表性如何，能否代表各类环保工作，其他的污染防治问题是否性质相近？第二，这些研究如果认为一种环保污染治理就能代表环保部门工作的全部成效，那么就会潜在假设环保部门的注意力会无差别地均分在各项事务上。然而，这些假设可能是有问题的，一个原因是环保领域涉及空、天、水、土等众多领域，技术特征不一。另一个原因是中央对不同的污染工作可能重视程度不一、管控手段不同，会引导地方环保部门的注意力集中在某些污染领域而忽视另一些污染领域。这些就可能造成前述的这些研究中，选取的污染治理类型不能有效代表各类地方污染治理情况。要推进现有研究，就需要将各类环境保护和污染等子政策作出一些类型学的划分，并使用更多的污染类型和案例说明这些性质上的不同，会如何影响地方环保部门在不同环境问题上的努力程度。

第四，既有的研究往往只将注意力放在某一政府层级。只关注一个层级政府固然可以就该级政府如何进行环保治理进行深入分析，但往往忽略了政府间关系扮演的重要角色。在中央决定进行环保督察和环保领域省以下垂直管理改革后，改革过程将引起各层级政府和环保部门间权责和利益的深刻变化。各方如何在改革中进行博弈？新的条块结构能否实现地方环境治理的改善？

针对这些问题，本书认为，应当在地方环保政策执行中对不同的环保政策分开进行讨论，并将地方环保政策执行置于中国整个政府体制的政府层级、激励设置和官员考核的背景下进行讨论，探究各个层级政府间的互动如何影响了环保体制的运作。李连江和欧博文的研究发现，中国的基层政府官员有选择地执行一些上级易于进行绩效考核的政策，由此提出了选择性政策执行这一分析概念（O'Brien & Li，1999）。在他们的分析中，基层官员需要面对的是多种类型的政策如税收、计生、经济发展等，他们的研究是将选择性政策执行置于中国整个政府体制的政府层级、激励设置和官员考核的背景下讨论的。本书则专门讨论地方的环保部门，更为突出环保领域的专门和技术特征。

因此，本书更进一步研究的问题是，政府间关系如何影响了地方环保政策的执行？地方在环保各项政策的执行中的努力程度是一致的吗？有没有差别？如果有，中央和地方关系中的哪些因素决定了这种差别？各种类型的环保政策的哪些特征影响了执行的最终效果。回答这些问题，有助于我们将中国的环保治理体系更好地放置在中国普遍的治理体系中加以理解背后的政治运行逻辑。本书试图结合中国的压力型政府体制和委托—代理机制中的命令与控制机制等理论进行解释。经典的委托—代理机制讨论了委托人如何给予代理人激励和控制，以及代理人在不同的任务中，如何策略地根据这些受到的激励和控制行为的强弱来进行行为的选择，包括将注意力更为集中在某些领域而相对忽视其他领域，从而出现执行不足、执行适当或者执行过度等情况。

分权与集权是政府间关系中经久不息的话题，往往处在动态的演变过程中。中国环保问题中的政府间关系也是如此。对地方政府的政策变通和波动执行现象的研究已经在食品药品监管、计划生育等政策领域有了一定的基础（刘骥、熊彩，2015；刘鹏、刘志鹏，2014；陈家建、张琼文，2015）。这些研究都点明了中国不少政策领域存在着政策执行中的变通和波动现象,但似乎都假定中央虽然知晓这些问题的存在,并采取了诸如加强问责等方法,但难以有进一步的方法措施。那么在环保领域,伴随着中央政府的逐渐重视,中央除了传统的控制加强手段(如运动式治理和加强巡查等),有没有一些新的举措呢?最近几年来,中央出台了包括污染物总量控制、区域限批、对污染严重的地方领导人进行环保约谈、建立省以下环保垂直监管体系等,这些措施使得环保治理走向了正确的道路,也带来了一系列环境治理的改善。本书将尝试探讨中央这些举措如何使地方提高了环境治理绩效。

第 三 章

中国的环境治理体系

本章简要讨论中国环保事务的决策和执行参与者。根据《环境保护法》的规定，中央的职责主要在于制定通用于全国的环境标准、建立环境监测制度、制定监测规范和监督管理下级环保部门的政策执行（第九、十条）。地方政府和环保局则需要对本地环境质量负责，其职责在于承担执行国家有关环保法规以及制定并执行地方环保法规（第十六条）。依照《环境保护法》，中央的环保职责侧重于制定政策、标准和进行监督管理，地方则主要负责完成大多数环保政策的执行任务。因此，本章将首先从中央层级探讨中共中央、全国人民代表大会、中国人民政治协商会议、国务院和生态环境部（原环境保护部）等在环境保护治理中的理念和角色，再从地方层级讨论党政系统和生态环境局（原环境保护局）的决策和执行过程。

第一节　环保议题的出现与演变

早在先秦时代，国家便开始对环境议题有所关注。当时环境问题主要是人类的农牧业生产活动引起的对森林、水源及动植物等自然资源和环境的破坏。针对这些问题，官方有一些法令或劝喻，要求百姓不要破坏森林等资源，《吕氏春秋》中"竭泽而渔，岂不获得？而来年无鱼"表达了古朴的环境理念。

中国当代意义上的环境保护理念和环保机构的出现与近现代工业崛起直接相关，并首先由西方传入。伦敦烟雾事件、洛杉矶光化学烟雾事件和日本水俣事件等促使西方工业发达社会正视环境污染问题，而1962

年《寂静的春天》、1972 年《增长的极限》等书带来的讨论则在美国等社会极大地普及了普通人的环保意识（Carson，1962；Meadows et al.，1972）。

中华人民共和国成立初期，国家重视重工业发展，由此带来了不少污染问题。但由于当时工业程度尚低，加之对经济发展的急切需要，对污染和生态破坏问题还未有足够意识。这一时期的环境问题一方面是工业建设和城市发展中的环境污染，另一方面主要是森林、草原和湖泊湿地的乱砍滥垦导致的水土流失和生态破坏。

1972 年发生了大连湾、北京和松花江等地的水污染现象，引起了中央政府的重视。① 1972 年 6 月 5—16 日，中国政府派代表团参加在瑞典首都斯德哥尔摩召开的"联合国人类环境会议"。这是联合国历史上首次研讨保护人类环境的世界性会议，出版了一份非正式报告《只有一个地球》，并通过《人类环境宣言》。当年联合国大会作出决议，把 6 月 5 日定为"世界环境日"。这次环境会议使中国高层的决策者开始认识到环境污染问题，并将环境保护提上议事日程。1973 年 8 月，国务院、国家计委召开了第一次全国环境保护会议。会后，国务院颁布了《关于保护和改善环境的若干规定（试行草案）》。这一法规是 1979 年颁布的《中华人民共和国环境保护法（试行）》的雏形。② 1978 年第三部《中华人民共和国宪法》第一次对环境保护作了规定："国家保护环境和自然资源，防治污染和其他公害。"③ 1982 年第四部宪法规定："国家保护和改善生活环境和生态环境，防治污染和其他公害。"④ 这些为中国的环境保护工作和以后的环境立法提供了宪法依据。

---

① 对中华人民共和国成立初期到 1972 年间的环境污染和破坏问题，可参考中国环境保护行政二十年编委会编《中国环境保护行政二十年》，中国环境科学出版社 1994 年版，第 3—6 页。

② 中国环境保护行政二十年编委会编：《中国环境保护行政二十年》，中国环境科学出版社 1994 年版，第 7—9 页。

③ 第三部《中华人民共和国宪法》（1978 年 3 月 5 日中华人民共和国第五届全国人民代表大会第一次会议通过），第一章第十一条。

④ 第四部《中华人民共和国宪法》（1982 年 12 月 4 日第五届全国人民代表大会第五次会议通过，第一章第二十六条。

第二节 中央层级的环保决策与执行

一 中共中央的理念

中国共产党在中国的国家治理体系中扮演着核心角色。党对环境事务的领导常常通过文件制定、政策宣传等的话语权和提交全国人大议案的提案权来实现,历届的中国共产党全国代表大会报告和党章的修改过程是一个风向标。观察历届报告中对环境保护理念的陈述,我们可以了解中国共产党对环境保护认识的发展及其方针重点（冉冉,2015）。1949—1978年间,由于强调经济发展和优先重工业发展等原因,造成对生态环境的一定破坏。1978年后,党的代表大会报告开始谈到环境保护。十二大到十四大主要强调控制人口增长和合理利用资源,以缓和人多地少的矛盾。十五大和十六大开始强调可持续发展。十七大和十八大提出科学发展观和建设生态文明社会。十九大和二十大分别提出和坚持"绿水青山就是金山银山"的理念。各届党的全国代表大会报告从控制人口增长以减轻人地矛盾,到可持续发展、建设生态文明等反映了党对环境态度的逐渐重视。在党章方面,十七大以来修订的党章中陆续加入了"建设资源节约型、环境友好型社会""人与自然和谐相处"和"建设社会主义生态文明"等字句。党的全国代表大会报告的提法变迁与党章修订,表明党已经将环境保护问题提升到了新高度。

表3-1 中国共产党历届全国代表大会报告中关于环境保护的提案

时间	困难	做法（和目标）	思想概括
1982年十二大	人多耕地少的矛盾将越来越突出	控制人口增长,保护各种农业资源,保持生态平衡,加强农业基本建设,改善农业生产条件,实行科学种田,在有限的耕地上生产出更多的粮食和经济作物	控制人口 生态平衡
1987年十三大	我国人口基数大,正值生育高峰	人口控制、环境保护和生态平衡,优生优育,提高人口质量,大力保护和合理利用各种自然资源,开展对环境污染的综合治理,加强生态环境的保护	优生优育 生态平衡 合理利用

续表

时间	困难	做法（和目标）	思想概括
1992年十四大	我国底子薄，处在实现现代化的创业阶段	改善人民生活，控制人口增长，加强环境保护，坚持优生优育，提高人口质量，保护和合理利用自然资源	优生优育 合理利用
1997年十五大	人口增长、经济发展给资源和环境带来巨大的压力	实施可持续发展战略。坚持计划生育和保护环境。资源开发和节约并举，提高资源利用效率。统筹规划国土资源开发和整治，实施资源有偿使用制度。加强对环境污染的治理，植树种草，搞好水土保持，防治荒漠化，改善生态环境。控制人口增长，提高人口素质，重视人口老龄化问题	可持续发展 优生优育 有效利用 有偿使用
2002年十六大	生态环境、自然资源和经济社会发展的矛盾日益突出	目标：可持续发展能力不断增强，生态环境得到改善，资源利用效率显著提高，促进人与自然的和谐。走上生产发展、生活富裕、生态良好的文明发展道路 做法：坚持计划生育、保护环境和保护资源。稳定低生育水平。合理开发和节约使用各种自然资源。搞好国土资源综合整治。树立全民环保意识，搞好生态保护和建设	可持续发展 保护资源 有效利用
2007年十七大	长期形成的结构性矛盾和粗放型增长方式尚未根本改变	目标：建设生态文明，基本形成节约能源资源和保护生态环境的产业结构、增长方式、消费模式。循环经济形成较大规模，可再生能源比重显著上升。主要污染物排放得到有效控制，生态环境质量明显改善 做法：加强能源资源节约和生态环境保护。坚持节约资源和保护环境的基本国策，建设资源节约型、环境友好型社会，落实节能减排工作责任制，发展清洁能源和可再生能源，保护土地和水资源。发展环保产业。加大节能环保投入，加强污染防治，改善人居环境，促进生态修复。加强应对气候变化能力建设	科学发展观 以人为本 生态文明 资源节约 环境友好

续表

时间	困难	做法（和目标）	思想概括
2012年十八大	面对资源约束趋紧、环境污染严重、生态系统退化的严峻形势	目标：建设资源节约型、环境友好型社会。单位能源消耗和碳排放大幅下降，主要污染物排放总量显著减少。森林覆盖率提高，生态系统稳定性增强，人居环境明显改善 做法：推进生态文明建设，坚持节约资源和保护环境的基本国策，坚持节约优先、保护优先、自然恢复为主的方针，着力推进绿色发展、循环发展、低碳发展，节约资源，保护环境。优化国土空间开发格局。促进资源节约。加强生态文明制度建设。健全生态环境保护责任追究制度和环境损害赔偿制度	和谐发展 生态文明 资源节约 环境友好 低碳发展 制度建设 经济手段
2017年十九大	生态环境保护任重道远	目标：满足人民日益增长的优美生态环境需要。坚持节约优先、保护优先、自然恢复，形成节约资源和保护环境的空间格局、产业结构、生产方式、生活方式，还自然以宁静、和谐、美丽 做法：推进绿色发展。建立健全绿色低碳循环发展的经济体系。持续实施污染防治行动，加强农业面源污染防治，开展农村人居环境整治行动。积极参与全球环境治理，落实减排承诺。加大生态系统保护力度。改革生态环境监管体制	绿水青山就是金山银山 节约资源 保护环境
2022年二十大	生态环境保护任务依然艰巨	目标：牢固树立和践行"绿水青山就是金山银山"的理念。推进美丽中国建设，统筹产业结构调整、污染治理、生态保护、应对气候变化，协同推进降碳、减污、扩绿、增长，推进生态优先、节约集约、绿色低碳发展 做法：加快发展方式绿色转型。深入推进环境污染防治。坚持精准治污、科学治污、依法治污。推进城乡人居环境整治。全面实行排污许可制，健全现代环境治理体系。深入推进中央生态环境保护督察。提升生态系统多样性、稳定性、持续性。推行草原森林河流湖泊湿地休养生息，实施好长江十年禁渔，健全耕地休耕轮作制度。积极稳妥推进碳达峰碳中和	绿水青山就是金山银山 人与自然和谐共生的现代化 美丽中国

资料来源：人民网：中国共产党历次全国代表大会数据库，http://cpc.people.com.cn/GB/64162/64168/index.html。

二 全国人民代表大会和中国人民政治协商会议的角色

在环境保护领域,全国人民代表大会及其环境与资源保护委员会主要具有几个职能。[①] 一是制定环保和资源领域相关法律,并依情况变化适时进行修订工作。二是在日常工作中进行监督和检查,如进行可再生能源法执法、水污染防治法执法和专项询问、听取审议国务院年度环境状况和环境保护目标完成情况报告以及进行专题调研等。三是进行环保相关的代表建议和提议。中国人民政治协商会议及其人口资源环境委员会在日常工作中,可以就环保问题进行专题调研与视察、组织专题研讨会议和反映社情民意等。

在日常的工作中,全国人大最重要的职能在于其制定相应法律的权力。全国人大设有环境与资源保护委员会负责规划、起草、修改环保相关的法律。自中华人民共和国成立以来,中国制定了多部环境保护法,第一部是试行的《环境保护法》,第二部是1989年的《环境保护法》,第三部是在1989年基础上修订的2014版《环境保护法》。1979年颁布的《环境保护法(试行)》,把中国的环境保护方面的基本方针、任务和政策,用法律的形式确定下来。这部试行法律确立了"预防为主、防治结合、综合治理""谁污染,谁治理"等原则和环境影响评价制度、"三同时"[②] 和排污收费等一系列基本的环保制度。其后在此基础上又陆续颁布了许多重要的环境保护单行法规,如1982年颁布的《中华人民共和国海洋环境保护法》,1984年颁布的《中华人民共和国水污染防治法》等。

从《环境保护法》和一系列环境领域具体法案的制定与修改过程可以窥见一些中国环保系列法律的制定与修订逻辑。一是日益精细化、法制化,逐渐覆盖水、气、声、渣等多个领域。二是随着时代发展,根据污染源的变化、标准的变化和公众态度的变化等进行修订。例如《大气污染防治法》多次修订,有着标准制定方面不断科学化的原因,也有着

---

① 参见历年的《中国环境年鉴》。
② "三同时"制度是关于建设项目的环境保护措施(包括防治污染和其他公害的设施及防止生态破坏的设施)必须与主体工程同时设计、同时施工、同时投产使用的各项法律规定。参见《国务院办公厅关于加强环境监管执法的通知》(2014),https://www.mee.gov.cn/zcwj/gwywj/201811/t20181129_676574.shtml。

来自公众关注度不断上升的压力。三是越来越精细地厘清行政职责和法律惩罚。

表 3-2　　　　　　　　　　中国主要环境法律

法律名称	制定与最近修订日期
《中华人民共和国环境保护法》	1989 年 12 月 26 日制定通过 2014 年 4 月 24 日修订
《中华人民共和国环境影响评价法》	2002 年 10 月 28 日制定通过 2018 年 12 月 29 日修订
《中华人民共和国水污染防治法》	1984 年 5 月 11 日制定通过 2017 年 6 月 27 日第二次修正
《中华人民共和国大气污染防治法》	1987 年 9 月 5 日制定通过 2018 年 10 月 26 日第二次修正
《中华人民共和国噪声污染防治法》	2021 年 12 月 24 日制定通过
《中华人民共和国固体废物污染环境防治法》	1995 年 10 月 30 日制定通过 2020 年 4 月 29 日第二次修订
《中华人民共和国土壤污染防治法》	2018 年 8 月 31 日制定通过
《中华人民共和国海洋环境保护法》	1982 年 8 月 23 日制定通过 2023 年 10 月 24 日第二次修订
《中华人民共和国放射性污染防治法》	2003 年 6 月 28 日制定通过

资料来源：中国政府网 www.gov.cn，中华人民共和国生态环境部 http：//www.mee.gov.cn。

三　国务院、生态环境部和其他部门的职能

中国的环境保护日常工作和行政由国务院具体指导。在机构建设方面，为了应对环境污染的问题，中央政府设立并持续改组环境保护部门。改革开放以来，国务院分别在 1979 年、1982 年、1988 年、1993 年、1998 年、2003 年、2008 年、2013 年、2018 年、2023 年进行了多次机构改革。环境保护部门也在这一系列机构改革中多次改组，最终于 2008 年

提升至国务院组成部门的部级单位。① 具体而言，在第一次全国环境保护会议后，国务院设立了临时性的环境保护领导小组及其办公室。② 1982年国务院机构改革中，撤销原有临时机构，设立环境保护局，归口城乡建设环境保护部管理。1988年，城乡建设环境保护部改组为建设部，分出国家环境保护局为国务院直属机构。1998年，因应日益迫切的环保需要，国家环境保护局被升格为正部级国务院直属机构国家环境保护总局。2008年的国务院机构改革中，国家环保总局进一步升格为国务院组成部门的环境保护部，至此，中央层级的环保部门由一个国务院领导小组和办公室最终升格为完全意义上的部级机构。

表3-3　　　　　　　　　中央政府环境保护部门沿革

名称及时间	说明
官厅水库水资源保护领导小组 1972年6月23日	第一个跨省市的环保机构
国务院环境保护领导小组 1974年10月25日	
环境保护局 1982年5月	归属城乡建设环境保护部，1984年5月成立国务院环境保护委员会，由环境保护局代行职责
国家环境保护局 1984年	环境保护局更名为国家环境保护局，仍属中华人民共和国城乡建设环境保护部
国家环境保护局 1988年	1988年，城乡建设环境保护部被改为建设部，分出国家环境保护局为国务院直属机构（副部级）
国家环境保护总局 1998年	1998年，国家环境保护局被升格为国家环境保护总局，成为正部级的国务院直属机构
环境保护部 2008年3月	根据全国人大通过的《国务院机构改革方案》，国家环保总局升格为环境保护部，成为国务院组成部门
生态环境部 2018年3月	根据全国人大通过的《国务院机构改革方案》，组建生态环境部，不再保留环境保护部

资料来源：生态环境部 http://www.mee.gov.cn，《中国环境保护行政二十年》等。

---

① 《新中国成立以来历次政府机构改革》，中国政府网：http://www.gov.cn/test/2009-01/16/content_1206928.htm。
② 《中国环境保护行政二十年》，中国环境科学出版社1994年版，第7—9页。

在 2018 年的国务院机构改革中，环境保护部吸收了国家发展和改革委员会、水利部、国土资源部、农业部、国家海洋局和国务院南水北调工程建设委员会办公室等数个部门相关的环境保护职能，重新改组为生态环境部。这次改组使一些原来分散在其他部门里的环境保护职能更为集中在新的生态环境部里，实现了环境保护职能的进一步扩权和集中。

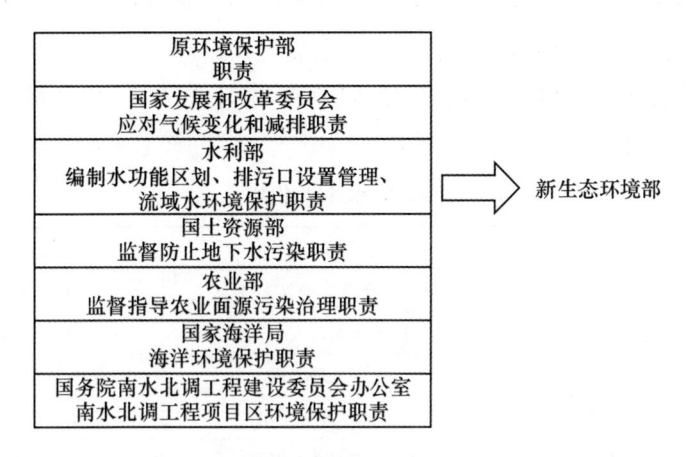

原环境保护部职责
国家发展和改革委员会应对气候变化和减排职责
水利部 编制水功能区划、排污口设置管理、流域水环境保护职责
国土资源部 监督防止地下水污染职责
农业部 监督指导农业面源污染治理职责
国家海洋局 海洋环境保护职责
国务院南水北调工程建设委员会办公室 南水北调工程项目区环境保护职责

⇒ 新生态环境部

图 3-1　2018 年国务院机构改革中新成立的生态环境部职责

资料来源：王勇：《关于国务院机构改革方案的说明——2018 年 3 月 13 日在第十三届全国人民代表大会第一次会议上》，新华网：http://www.xinhuanet.com/2018-03/14/c_1122533127.htm。

目前，生态环境部的主要职责①包括拟订和制定环境政策、规划、法规、标准和规范；统筹协调和监督管理生态环境问题；监督管理国家减排目标；制定大气、水、海洋、土壤、噪声、光、恶臭、固体废物、化学品、机动车等的污染防治管理制度并监督实施；指导协调和监督生态保护修复工作；负责核与辐射安全的监管；对重大项目建设进行环境影响评价；负责生态环境监测工作；负责应对气候变化工作；组织开展中央生态环境保护督察；负责生态环境监督执法；组织指导和协调生态环境宣传教育工作；开展生态环境国际合作交流等。

生态环境部内设多个司局。在 2016 年 3 月，环保部原污染防治司和

---

① 资料来源：生态环境部 http://www.mee.gov.cn/zjhb/。

污染物排放总量控制司撤销并改为水、大气和土壤三个环境管理司。2018年改组为生态环境部后,又增设了海洋生态环境和应对气候变化等职能司。目前生态环境部主要职能司局包括办公厅、中央生态环境保护督察办公室、综合司、法规与标准司、行政体制与人事司、科技与财务司、自然生态保护司、水生态环境司、海洋生态环境司、大气环境司、应对气候变化司、土壤生态环境司、固体废物与化学品司、核设施安全监管司、核电安全监管司、辐射源安全监管司、环境影响评价与排放管理司、生态环境监测司、生态环境执法局、国际合作司、宣传教育司等。

表3-4　　　　　　　　生态环境部机构组成

司局名称	司局名称	司局名称
办公厅	中央生态环境保护督察办公室	综合司
法规与标准司	行政体制与人事司	科技与财务司
自然生态保护司	水生态环境司	海洋生态环境司
大气环境司	应对气候变化司	土壤生态环境司
固体废物与化学品司	核设施安全监管司	核电安全监管司
辐射源安全监管司	环境影响评价与排放管理司	生态环境监测司
生态环境执法局	国际合作司	宣传教育司
机关党委	离退休干部办公室	

资料来源:生态环境部(http://www.mee.gov.cn/zjhb/)。

2014年版的《环境保护法》第十条规定:"国务院环境保护主管部门,对全国环境保护工作实施统一监督管理。"但在中国的治理过程中,在许多政策领域如食品领域、海洋等领域中曾出现的"九龙治水"(也称"政出多门"或"行政碎片化")现象也曾出现在环保领域。中国的环境保护部门因其组建和升格时间较晚,其所能管辖的环境事务并没有完全覆盖环境保护的所有领域,部分留在了其他的职能部门。例如,在2018年机构改革未改组为生态环境部前,原环保部的农业污染防治职能与农业部有交叉,地表水环境部分与水利部有交叉,植被保护与国家林业局有交叉,土壤污染防治与国土资源部有交叉等。而这一职能分散情况在2008年环境保护部成立前则更为严重。例如,1990年时,国家环境保护局仅为国务院直属的副部级机构,而当时的国务院受计划经济遗留影响,仍然有冶金部、化工部、机电工业部、轻工业部、航空航天部、核工业部等行业部委,这些部委行政级别均高于国家环境保护局,并自行负责本行业和部门内部的环境标准制定或环境保护事业。这种环境保护分散在各个行业部委的情形不仅仅是政出多门的问题,还涉及行业内部的保护主义等问题,不利于环境保护职能的发挥。

表3-5　　国家环境保护局以外环保工作开展部委（1990年）

部门或行业	开展工作的具体部门	部门或行业	开展工作的具体部门
军队	中央军委	建材	国家建材局
科学技术	国家科委	煤炭	中国统配煤矿总公司
海洋	国家海洋局	石油天然气	石油天然气总公司
城乡建设	建设部	有色金属	有色金属工业总公司
农业	农业部	机电工业	机电工业部
林业	林业部	航空航天	航空航天部
地质	国家地质总局	轻工业	轻工业部
冶金	冶金部	核工业	核工业部
化学工业	化工部	交通运输	交通运输部

资料来源:《中国环境年鉴》编辑委员会编:《中国环境年鉴1991》,中国环境科学出版社1991年版,第217—250页。

随着国务院机构改革中环境保护部门的不断升级和冶金、轻工等计划经济部委的解体,许多原来分散于各部委的环保职能被逐渐收纳进环境保护部。但是由于环境保护牵涉水、气、声、渣等众多领域,在某些特定的环保领域中,环保部与其他部委的职能交叉仍难以避免。应对气候变化和减排工作即是一个例子。从国务院国家应对气候变化及节能减排工作领导小组的一份组成名单中,我们可以获知环保领域牵涉的部门之众多程度。该领导小组具体工作由发展改革委和生态环境部按职责承担,除生态环境部是专门负责环境事务外,水利部、农业农村部、自然资源部、林业局、海洋局、交通运输部、气象局等都牵涉在其中。这使得部门间合作十分重要,也导致该项工作开展得好坏十分依赖于主管领导的重视程度和协调能力。

总体而言，伴随着生态环境部（原环境保护部）的成立与职能加强，部分环保领域由其他中央部委牵头或参与的现象正在不断改善。以《中华人民共和国清洁生产促进法》的2002年制定版与2012年的修订版作为一个例子。2002年该法通过时，多条条款规定由国务院和地方"经济贸易行政主管部门"负责组织、协调全国的清洁生产促进工作。[①] 2012年该法修订后，将职能部门均改为"国务院清洁生产综合协调部门和环境保护部"以及地方"清洁生产综合协调部门和环境保护部门"负责有关的清洁生产促进工作。[②] 从由经济相关的行政部门主管改为综合协调部门和环保部门负责，体现了环保部门职能的扩大和环保职能的归位。

表3-6　国家应对气候变化及节能减排工作领导小组人员组成（2019年）

组长	国务院总理		
副组长	国务院副总理	国务委员	
成员	国务院副秘书长	住房城乡建设部部长	交通运输部部长
	外交部副部长	水利部部长	国际发展合作署署长
	发展改革委副主任	农业农村部部长	国管局局长
	教育部部长	商务部部长	中科院院长
	科技部部长	文化和旅游部部长	气象局局长
	工业和信息化部部长	卫生健康委主任	能源局局长
	民政部部长	人民银行行长	林草局局长
	司法部部长	国资委主任	铁路局副局长
	财政部部长	税务总局局长	民航局局长
	自然资源部部长	市场监管总局局长	
	生态环境部部长	统计局局长	

资料来源：《国务院办公厅关于调整国家应对气候变化及节能减排工作领导小组组成人员的通知》，2019年10月7日。

---

① 《中华人民共和国清洁生产促进法》，2002年通过，参见生态环境部网站，http://jjjcz.mee.gov.cn/djfg/gjflfg/fl/200206/t20020601_444283.html。

② "全国人民代表大会常务委员会关于修改《中华人民共和国清洁生产促进法》的决定"，参见中国政府网 http://www.gov.cn/flfg/2012-03/01/content_2079732.htm。

中央层级环保部门的设立与发展是为应对日益严重的环境污染和生态破坏问题而演变的。同样，许多环保政策演变也是在一些环境事件出现后进行的。例如，2005年松花江污染事件的发生与时任环保总局局长辞职带来的教训，促使环保部门进一步完善了各类危机预案并加强演练。对北京大气污染问题的广泛关注使得PM2.5指标被纳入空气质量指标。常州外国语学校土壤污染造成学生健康问题一事加速了土壤污染治理的立法工作。而对公众意见的重视也促使环保部门提升了环评工作中的公众参与。随着环保部门职能的扩展与公众环保意识的提升，相关治理举措在不断改善中。

国务院和生态环境部依据相关法律法规，有一系列的政策工具，如"三同时"制度、环境影响评价制度、排污收费制度、环保目标责任制、污染权交易市场、污染物总量控制、总量减排考核、区域限批、奖励清洁能源和技术发明等。①

中央政府在环境议题的不同子政策中实际上有不同的侧重点，并且随着时间变化而变迁。有研究分析中央政府对环保议题的侧重点发现，过去在不同类型的污染中，对水污染、大气污染相对重视，对土壤污染等相对不够重视，对固体废弃物的重视则处于持续上升过程中。在环保政策的执行方式上，对命令和控制方式等比较重视，对信息公开等则处于提升状态。在国际环保议题中，对保护生态多样性和防沙漠化等领域比较重视，对禁止濒危野生动物交易则相对忽视（X. Huang et al., 2010）。这些侧重点的变迁，一部分是因为一些污染问题的爆发或公众关注压力的增加，另一部分原因是国际社会对相关污染问题的关注影响到中国。例如，早年全球对臭氧层空洞的讨论近些年已经被对碳排放的讨论所替代。这些也表明，中国已经越来越深地参与到国际环境治理中。

在国际参与和获得援助方面，中国曾从国外获得了许多环境治理方面的援助。许多联合国机构、外国政府、国际基金会、非政府组织和产业机构等对中国的环保领域进行了项目、技术、资金和经验等的投入与帮助（Asuka-Zhang, 1999; S. Chen & Uitto, 2003; Morton, 2005）。自1972年中国派出代表团出席联合国人类环境会议后，中国在数十年时间

---

① 参见生态环境部网站（http://www.mee.gov.cn）上的机构职能和各职能司介绍。

里参加了许多环保国际会议并成为多个环保国际组织的成员国。中国政府加入了 30 多个与环保有关的多边公约或者议定书，包括《保护臭氧层维也纳公约》《蒙特利尔议定书》等。1992 年，巴西里约热内卢联合国环境与发展大会通过了《里约环境与发展宣言》和《21 世纪议程》两个纲领性文件。中国于 1994 年由国务院常务会议讨论通过了《中国 21 世纪议程》。在温室气体减排等方面，中国于 1998 年 5 月签署并于 2002 年 8 月核准了《联合国气候变化框架公约的京都议定书》。2015 年 12 月 12 日，联合国巴黎气候大会历史性地达成了减排协议，中国也积极参与了谈判过程。这些国际条约对各个国家有一定的约束力，中国在谈判过程中承诺了一定的减排量，并依此进行了许多节能减排工作。国家主席习近平 2021 年 10 月 12 日出席《生物多样性公约》第十五次缔约方大会领导人峰会时指出，中国将努力推动实现碳达峰、碳中和目标。

第三节　国家环保人员和环保财政的增长

任何一项政策领域的工作都离不开政府财政的投入和行政人员的配备。环境保护局成立前一年的 1981 年，全国环境系统只有 22514 人，之后快速增长，到 2015 年达到 23.2 万人，34 年间增长约 10 倍。相比之下，1981—2015 年间，全国公务员从 556 万增长至 1638 万，只增长了近 3 倍。这使得环保系统人数占全国公务员人数百分比从 1981 年的 0.40% 开始逐渐上升，至 2000 年后，基本稳定维持在全国公务员的 1.35%。

表 3-7　　　　　　　　不同层级环保系统人数的增长　　　　　（单位：人）

年份	全国	国家和省级	国家	省级	地市级	区县级	乡镇	全国公务员数（万人）
1981	22514							556
1986	44379							873
1991	71361							1136
1996	95562							1093
2001	142766	11203	1664	9539	38072	89316	4175	1101
2002	154233	11450	1840	9610	39545	98098	5140	1075

续表

年份	全国	国家和省级	国家	省级	地市级	区县级	乡镇	全国公务员数（万人）
2003	156542	11966	1673	10293	39960	99892	4724	1171
2004	160246	11939	1653	10286	41517	102034	4756	1199
2005	166774	13068	2452	10616	42880	106339	4487	1241
2006	170290	12976	2065	10911	43084	109839	4391	1266
2007	176988	13113	2266	10847	40154	118751	4970	1291
2008	183555	13873	2367	11506	40928	123383	5371	1335
2009	188991	14336	2417	11919	41793	126478	6414	1394
2010	193911	15011	2584	12427	42462	129284	7154	1429
2011	201161	16110			45019	132596	7436	1468
2012	205335	16993			45203	135628	7510	1542
2013	212048	17681	2951	14730	47016	137099	10252	1567
2014	215871	17717	3001	14716	48384	137772	11998	1599
2015	232388	18853	3023	15830	49973	146696	16866	1638
2015 比重	100	8.1	1.3	6.8	21.5	63.1	7.3	

资料来源：历年《中国统计年鉴》；① 历年《中国环境年鉴》；《中国环境统计资料汇编 1981—1990》。《中国环境年鉴》自 2017 年起不再报告这一数据。

观察各级环保系统人数，如果将地方环保部门定义为地市、区县和乡镇层级的环保部门，那么 2001 年以来，他们的人数加总大约占到全国环保系统的 92%。以《中国环境年鉴》最后报告这一数据的 2015 年为例，地市、区县级以及乡镇人员占 91.9%，其中地市级约占 21.5%，县区和乡级相加约占 70.4%。中央层级的环保系统作为高层的决策机构，人员仅占 1.3%，作为政令传达中枢的省级也只占 6.8%。从人员比例上看，92% 比例的人员沉降在基层，说明环保系统是一个高度依赖于地方执行的政策领域。

人员、办公、项目、监管和出勤等都需要财政支持，而中国政府对环保的财政投入也呈现持续增长的态势。从 2007 年开始，依照中央新的

---

① 公务员数据在 2002 年及之前采用《中国统计年鉴》中"分行业从业人员数"中的"国家机关、政党机关和社会团体"，2003 年及之后采用"按行业分城镇单位就业人员数"中的"公共管理和社会组织"。

财政收支科目"211 环境保护",我们可以明确知悉中国财政中用于环保事务的开支大小。① 近年来,中国环保财政投入快速增长。

表 3-8　　中国环境保护财政支出规模增长(2007—2022)

年份	环境保护支出(亿元)	国家财政支出总额(亿元)	比重%
2007	995.82	49781.35	2.00
2008	1451.36	62592.66	2.32
2009	1934.04	76299.93	2.53
2010	2441.98	89874.16	2.72
2011	2640.98	109247.79	2.42
2012	2963.46	125952.97	2.35
2013	3435.15	140212.1	2.45
2014	3815.60	151785.56	2.51
2015	4802.89	175877.77	2.73
2016	4734.80	187755.21	2.52
2017	5617.33	203085.49	2.76
2018	6297.61	220904.13	2.85
2019	7390.20	238858.37	3.09
2020	6333.40	245679.03	2.57
2021	5525.14	245673.00	2.24
2022	5412.80	260552.12	2.07

资料来源:历年《中国统计年鉴》。

目前,中国政府财政中的环保支出主要是由省及省以下政府具体执行的。根据 2020 年《生态环境领域中央与地方财政事权和支出责任划分改革方案》,除了跨区域、重点流域海域、应对气候变化、国家生态环境监测、全国性生态环境执法督察、国家政策标准制定为中央财政事权外,其他生态环境事务均为地方事权并由地方承担支出责任。② 2007—2015 年间,全国环保总支出中,省和省以下地方政府支出均占到 90% 以上。其中,地方的环保支出资金有一大部分来自中央财政的环保专项转移支付。

---

① 财政部:《2007 年政府收支分类科目》,中国财政经济出版社 2006 年版。
② 国务院办公厅关于印发《生态环境领域中央与地方财政事权和支出责任划分改革方案》的通知(2020),参见中国政府网:http://www.gov.cn/gongbao/content/2020/content_ 5522521.htm。

从 2007 年到 2015 年，中央对地方环保转移支付从 748 亿元逐渐增加到 1700 亿元，虽然其占地方环保支出中的比重从 78% 下降至 42%，但仍然是重要的资金投入来源，说明地方的环保事务支出十分依赖于上级财政的转移支付。这一现象同时也表明，地方政府在近些年显著加大了自身环保财政投入的力度。

表 3-9　中央转移支付对地方环保财政支出的作用（2007—2015）

年份	全国环保总支出（亿元）	地方环保总支出（亿元）	地方占环保总支出%	中央对地方环保补助	中央补助占地方环保支出%
2007	995.82	961.24	96.53	747.52	77.77
2008	1451.36	1385.15	95.44	974.09	70.32
2009	1934.04	1896.13	98.04	1113.9	58.75
2010	2441.98	2372.5	97.15	1373.62	57.90
2011	2640.98	2566.79	97.19	1548.84	60.34
2012	2963.46	2899.81	97.85	1934.77	66.72
2013	3435.15	3334.89	97.08	1703.67	51.09
2014	3815.64	3470.90	90.97	1688.29	44.25
2015	4802.89	4402.48	91.66	1854.40	42.12

资料来源：财政环保全国总支出和地方总支出数据来自《中国统计年鉴》（2008—2016）。2007 年中央对地方环保转移支付数据依据《国务院关于 2007 年中央决算的报告》提供的数据推算。[1] 其余各年转移支付数据来自财政部发布的历年"中央对地方税收返还和转移支付决算表"[2]。2016 年后的数据与之前口径不同。

注：本表的"地方"指省及省以下。

---

[1] 根据时任财政部长谢旭人做的报告，2007 年，中央一般预算环境保护支出 782.11 亿元，当年中央本级环保支出仅为 34.59 亿元（其中包括动用中央预算预备费 2.96 亿元），其余的 747.52 亿元应当用于对地方的转移支付。见谢旭人《关于 2007 年中央决算的报告》，财政部网站：http://www.mof.gov.cn/pub/caizhengbuzhuzhan/zhengwuxinxi/caizhengshuju/200810/t20081021_83131.html。

[2] 各年度"中央对地方税收返还和转移支付决算表"见财政部网站，2008 年：http://yss.mof.gov.cn/zhengwuxinxi/caizhengshuju/200907/t20090707_176723.html；2009 年：http://yss.mof.gov.cn/2009nianquanguojuesuan/201007/t20100709_327125.html；2010 年：http://yss.mof.gov.cn/2010juesuan/201107/t20110720_578421.html；2011 年：http://yss.mof.gov.cn/2011qgczjs/201207/t20120710_665277.html；2012 年：http://yss.mof.gov.cn/2012qhczjs/201307/t20130715_966187.html；2013 年：http://yss.mof.gov.cn/2013qgczjs/201407/t20140711_1112026.html；2014 年：http://yss.mof.gov.cn/2014czys/201507/t20150709_1269837.html；2015 年：http://yss.mof.gov.cn/2015js/201607/t20160713_2354962.htm。

考虑到中国许多省的人口和地理规模相当于欧洲中等国家水平的事实,我们有必要了解环保财政支出在省以下各级政府之间的分布。关于这个问题,限于官方公布的统计数据,我们只能就 2006 年、2007 年的情况作出判断。表中报告了 2007 年环保财政支出在中央、省、地和县四级政府之间的分布。省本级执行的环保财政支出所占的比重最大,其次为县区级,地本级为第三。实际上,省本级的环保财政支出也有许多通过项目化的方式转移支付给地县两级。因此,中国环保财政投入主要在地市县级最后获得执行。

表 3-10　　2007 年各层级政府预算内环境保护支出规模

层级	环境保护支出（亿元）	财政支出总额（亿元）	环保支出占总支出比重（%）	本级环保支出占全国比重（%）
中央	34.59	11442.06	0.30	3.47
省本级	422.69	8821.14	4.79	42.45
地本级	201.87	11051.90	1.83	20.27
县/区	336.67	18466.25	1.82	33.81
全国	995.82	49781.35	2.00	100.00

资料来源:财政部国库司、预算司:《2007 年全国地市县财政统计资料》,《中国统计年鉴 2008》。

环保系统人员和财政支出高度沉降在省以下的情况,使得环保政策执行的好坏与环保监管的成效都高度依赖各个地方政府及其环保部门的表现。因此,研究省以下地方环保事务在实际中如何运作,是解释中国环境治理成效的关键。

第四节　地方的环保决策与执行

在中国的环保事务中,人员配备和财政支出的重心都在地市、区县和乡镇级。因此,地方的环保治理,如同经济发展等政策领域,深深嵌入在中国层级分布的治理体系内。即便强化了省以下环保垂直管理制度,地方的政治和治理架构仍然会对环保治理有显著的影响。

在中国的地方政治中，日常的行政治理事务主要集中在党委和政府手中。依此党政关系顺序，本部分将分别简要讨论地方党委书记、县市长和地方生态环境局（原环保局）等部门在环保事务中的职能结构。在分析中可以发现，地方的环境治理中，不同的主体间事实上充满着张力。而在本书后续章节中，将把地方（主要指地市、县区和乡镇等）视为一个整体，以对应于中央政府的概念进行讨论。

一 党委书记、行政首长和环保目标责任制

在中国的地方党政关系中，党委书记是地方党政的一把手。党委书记除负责领导党委组织、宣传和统战等各项事务外，也可以通过许多方式直接影响政府的日常具体运作。在环保事务的职责上，党委书记和县市长也有着明确分工。[①] 党委书记的权力可以体现在目标设定、政策议程设定、人事安排和冲突调节上。这些使得党委书记具有最初的政策提议者和最后的冲突仲裁者的重要职能。

市长、县长和区长等行政一把手在党委书记的领导下，具体管理政府日常工作。虽然党委书记领导党委，政府首长负责政府日常工作这种分工较为明确，但两者之间也有许多交叉事务和共同权责。2016年中央环保督察开始后，各地陆续推出"党政同责""一岗双责"等举措，要求党政一把手都要对生态环境保护承担首要责任。

在过往中国地方的环保事务中，地方政府是法定的主要负责者。1989年版《环境保护法》第十六条（2014版修订版的第六条）规定，"地方各级人民政府应当对本行政区域的环境质量负责"，并且国务院明令地方的环保事务需要接受地方人大议事机构的监督。[②] 作为地方政府的行政首长，各市长、县长、区长等自然成了地方环保事务的首要负责人。2005年国务院下发的《关于落实科学发展观、加强环境保护的

[①] 参见冉冉《中国地方环境政治：政策与执行之间的距离》，中央编译出版社2015年版，第66—70页。

[②] 《国务院关于落实科学发展观、加强环境保护的决定》，2005年12月3日，其中规定"各级人民政府要向同级人大、政协报告或通报环保工作，并接受监督"（第二十九条）。参见中国政府网：https://www.gov.cn/zhengce/content/2008-03/28/content_5006.htm。

决定》中也明确地方人民政府领导是本行政区域环境保护的第一责任人。①

除了地方政府的行政首长是环境事务的第一负责人,一般还会指定一位副手具体领导。例如,一些地方的分工中,区长、县长主管经济和财政事务,然后由一至两名副区长、副县长等分管生态文明建设。

那么在日常行政过程中,如何让地方政府领导人承担起环境保护责任？1996年,国务院发布文件,决定在环境保护工作中采取"环境质量行政领导负责制"②。此后,这一与其他许多政策领域类似的目标责任制虽历经一些修改,但一直采用。③ 这一目标责任制在过去的运作方法是,通过一些协商沟通,国务院和环保部与省长签订省长环保责任书,明确各省的环境保护内容、节能减排目标、污染减排目标等。然后由省级政府和环保厅依据此省级责任书,与下辖地级市的市长和环保局协商沟通后下发市长环保责任书,然后地级市政府和环保局再向县区行政首长和环保局下发环保责任书。通过如此一级一级的命令传导和层层签订责任书,明确各级政府的环境保护工作内容和污染减排目标等责任后,各级政府依责任书进行落实。

首先,由环保部与各省政府签订环保目标责任书。以单一的大气治理为例,2014年1月环保部与各省签订的《大气污染防治目标责任书》,依各省市情况不同,要求在2014—2017年,每年实现一定比例的大气质量改善。④ 除空气质量目标外,责任书还明确了诸如煤炭削减、落后产能淘汰、大气污染综合治理、锅炉综合整治、机动车污染治理、扬尘治理和能力建设等各项工作目标,并要求各地具体制定实施细则和年度计划,分解落实任务。其次,为了保障目标如期实现,国务院还颁布了量化评分的

---

① 《国务院关于落实科学发展观、加强环境保护的决定》,2005年12月3日。

② 《国务院关于环境保护若干问题的决定》,1996年8月3日颁布。文件载于《第四次全国环境工作会议文件汇编》,中国环境科学出版社1996年版。

③ 《国务院关于落实科学发展观、加强环境保护的决定》,2005年12月3日。文件中规定"坚持和完善地方各级人民政府环境目标责任制,对环境保护主要任务和指标实行年度目标管理,定期进行考核,并公布考核结果。评优创先活动要实行环保一票否决"(第三十条)。

④ 环境保护部:《环境保护部与31个省(区、市)签署〈大气污染防治目标责任书〉》,2014年1月7日,参见中国政府网:http://www.gov.cn/gzdt/2014-01/07/content_2561650.htm。

《考核办法实施细则》,对未通过考核的地区进行通报批评,约谈有关负责人,并提出限期整改意见。①

表3-11　环保部《大气污染防治目标责任书》目标(2014—2017)

空气质量改善目标		各省(市、区)
PM2.5年均浓度下降目标	-25%	北京、天津、河北
	-20%	山西、山东、上海、江苏、浙江
	-15%	广东、重庆
	-10%	内蒙古
PM10年均浓度下降目标	-15%	河南、陕西、青海、新疆
	-12%	甘肃、湖北
	-10%	四川、辽宁、吉林、湖南、安徽、宁夏
	-5%	广西、福建、江西、贵州、黑龙江
	持续改善	海南、西藏、云南

资料来源:中国政府网,https://www.gov.cn/gzdt/2014-01/07/content_2561650.htmm。

环保部与各省签订环保责任书并制定考核方法实施细则后,各省内部再相应与各地级市签订环保责任书,并制定考核方法的实施细则。例如,湖南省依照与环保部签订的责任书,对各地级市发出了《湖南省大气污染防治2014年度实施方案》。② 在此方案中,明确该年度各地级市以2014年可吸入颗粒物年均浓度指标比2012年下降2%为目标,并设定了913个省内各地市的重点项目和负责单位。

在对大气质量进行单独的大气污染防治责任书签订之前,各地已经开始进行包含大气、水、土壤等整体性目标的责任书签订。以福建为例,福建省政府2006年印发了《福建省人民政府关于印发市长环保目标责任

---

① 《国务院办公厅关于印发〈大气污染防治行动计划实施情况考核办法(试行)〉的通知》(2014),文件参见中国政府网:http://www.gov.cn/gongbao/content/2014/content_2697070.htm。
② 湖南省环境保护厅《关于印发〈湖南省大气污染防治2014年度实施方案〉的通知》(2014),http://www.hbt.hunan.gov.cn/comm_front/public_info/comm_detail_new.jsp?id=919,2016年4月28日访问。

书（2006—2010年）的通知》。根据这一责任书，每个地级市政府都要完成一定的考核目标。这些目标中，有些在各地级市间是相似的，有些则是根据具体地市的情况专门设定的。① 例如，环境质量上，对福建7个地级市市区都要求在空气质量二级以上天数每年达90%以上，2个要求80%以上（三明和龙岩），对所有地级市的闽江、九龙江段等环境功能区达标率要求达90%以上。在污染控制目标上，要求各地实现省里下达的二氧化硫、化学需氧量总量控制目标。

福建省内各地级市依照与省政府签订的责任书，进一步划分县区的环保责任并进行部署。例如，厦门市政府制定了《厦门市2007年市长环境保护目标责任书》，具体规定了各区和市政园林局、环境保护局、海洋与渔业局、农业局、林业局、水利局、教育局和民政局等单位的量化考核指标。② 通过这种从中央与各省、各省与各市、各市与各区和环保部门间的层层签订责任状的方式，环保事务的命令实现了从中央到地方一级一级的延伸，将中国每一个地方层级都纳入环保事务的责任中。

命令已经下达，目标责任书也已经签订，那么实际中的问责又如何？依照规定，如果部分关键的"数字化"考核指标未能完成，党政首长将被认定为考核不合格、被约谈和一票否决取消评优创先资格和申请环保模范城市资格。③ 这些问责方法在实际中是否有效？在2016年之前，虽然领导干部因环保工作被约谈的情况有多次，但是党政首长因环保考核不达标而导致严重的撤职等纪律处分较少。即便出现重大污染事故或环

---

① 《福建省人民政府关于印发市长环保目标责任书（2006—2010年）的通知》，2006年11月13日，该文件目前已经失效。参考：http://www.chinalawedu.com/falvfagui/fg22598/238986.shtml。

② 《厦门市人民政府关于印发厦门市2007年市长环境保护责任书的通知》，2007年5月31日，参见 http://www.xm.gov.cn/zfxxgk/xxgkznml/zfzzd/jdjc/201112/t20111205_442484.htm。

③ 《国务院关于落实科学发展观、加强环境保护的决定》，2005年12月3日。文件中规定"坚持和完善地方各级人民政府环境目标责任制，对环境保护主要任务和指标实行年度目标管理，定期进行考核，并公布考核结果。评优创先活动要实行环保一票否决"（第三十条）。参见中央政府网：https://www.gov.cn/zhengce/content/2008-03/28/content_5006.htm。在一些省份内部也有相关规定，例如广东省规定，如果某市如果连续三年环保考核不合格，将会受到省政府通报批评，领导人五年之内不得提拔任用，参见《清远环保责任考核不合格》，《南方日报》2005年6月3日报道。

境群体性事件时，被问责的官员中，处分、免职的多是环保系统的分管领导和工作人员。这种纪律处分较轻的现象在 2016 年中央环保督察开始后有较大的改善。各省陆续制定新的政策和条例，不断强化考核约束，将环保绩效由"软要求"向"硬约束"转变，作为领导干部考核评价、任免和追责的重要参考。①

二 地方环保机构

地方环保机构在过去十多年间，经历了较大的机构改革和实际运作的变化。主要受三个事件的影响。一是 2016 年前后，中央自河北省开始试点环保督察工作，并采取环保约谈和回头看等方式，给地方环保工作带来了前所未有的压力。二是随着 2018 年中央机构改革，环境保护部改组为生态环境部，地方上相应陆续改革。三是在 2015 年 11 月党的十八届五中全会提出的"实行省以下环保机构监测监察执法垂直管理制度"并于 2016 年起逐渐在各地落实。② 这三件事主要在 2016—2018 年陆续出台，因此，这里将首先着重介绍改革前的情况，再简要介绍改革后的情况，并在后续各章具体讨论改革后的情况。

（一）环保督察、机构改革和省以下垂直管理改革前的情况

依据 2014 年修订的《环境保护法》规定，地方环保主管部门"对本行政区域环境保护工作实施统一监督管理"。因此，日常的环保行政工作，由地方生态环境局（习惯上仍简称环保局）等政府职能部门在地方党政的领导下具体负责。

表 3 - 12　　　　　　　　部分地市环保局成立时间

地市	年份	地市	年份	地市	年份	地市	年份
大同	1978	锦州	1979	马鞍山	1981	石嘴山	1984

---

① 参考《福建省生态环境保护条例》，2022 年 3 月 30 日福建省第十三届人民代表大会常务委员会第三十二次会议表决通过。

② 《中共中央关于制定国民经济和社会发展第十三个五年规划的建议》（2015 年 10 月 29 日中国共产党第十八届中央委员会第五次全体会议通过），新华社：http://news.xinhuanet.com/fortune/2015-11/03/c_1117027676.htm。

续表

地市	年份	地市	年份	地市	年份	地市	年份
宁波	1979	合肥	1980	芜湖	1981	济宁	1984
常州	1979	苏州	1980	曲靖	1981	呼和浩特	1984
武汉	1979	佛山	1980	大庆	1982	临汾	1984
太原	1979	威海	1980	杭州	1983	桂林	1985
南宁	1979	石家庄	1980	绍兴	1983	克拉玛依	1985
昆明	1979	连云港	1980	泸州	1983	成都	1986
银川	1979	秦皇岛	1980	韶关	1983	北海	1986
本溪	1979	咸阳	1980	安阳	1983	湘潭	1986
抚顺	1979	攀枝花	1980	开封	1983	中山	1987
铜川	1979	温州	1981	东莞	1984	福州	1990
宝鸡	1979	南通	1981	嘉兴	1984	赤峰	1990
九江	1979	无锡	1981				

资料来源：依据各地市市志等整理。①

对应于中央政府层面环境保护机构的出现和升格，地方各层级环境保护机构也开始建设完善。中央在1982年成立环境保护局，在此前后，地方开始逐渐成立环境保护局等部门，至1990年后，依照一级政府一级职能部门的原则，各省级行政区、地级行政区和区县级行政区都相应的建立了环保厅、环保局等机构。乡镇层级政府上通常也有对应环保职能的专门或兼职干部，部分乡镇甚至建有专门的环境监察队。除专门的环境保护局外，一些环保职能还分散在其他部门中。

讨论中国的政府部门和层级设置时，通常需要讨论"条条"和"块块"的关系。在中国政府的党管干部制度下，条块关系决定了地方政府机构究竟听命于谁（Mertha，2005）。在2016年实行省以下环保机构监测监察执法垂直管理制度改革前，地方环保系统采取的是"块块"管理，即县市环境保护局为县市政府的组成部门，接受本级政府的管理，而在垂直层面上接受上级环保部门的指导。当时地方环保局作为地方政府组

---

① 本表数据由杨燊根据香港中文大学中国研究服务中心（USC）所收藏的各地市市志整理，作者感谢他的慷慨提供。

成部门，县市环保局的主要领导由县市政府决定，财政由本级政府拨付，甚至要承担一些地方政府交代的指标任务，包括招商引资和协助劝说征地拆迁等。① 在一些招商项目落地时，地方主政官员甚至要求环保局要主动帮忙进行环评工作并帮助通过相关考核。在这一过程中，环保局会展现出明显的"块块"管理的缺点，即受制于地方政府迫切的经济发展需要，会在环评上出现一些妥协。鉴于许多地方都优先关心经济发展，过去的环保局关停一些排污超标企业十分不易，因为涉及本地经济发展和财税收入，还有可能导致工人下岗等影响社会稳定。②

前述在省、地市、县区等一层层的环保目标责任制往往进一步在环保局内部人员中执行。环保局内部会规定具体人员负责的事务与包干区域。例如，有的环保局内部有生态、监察等的分工，部分人员还划分了监管区域和对口企业，实施"划片包干、定人定责、定位定责"的网格化环境监管模式。

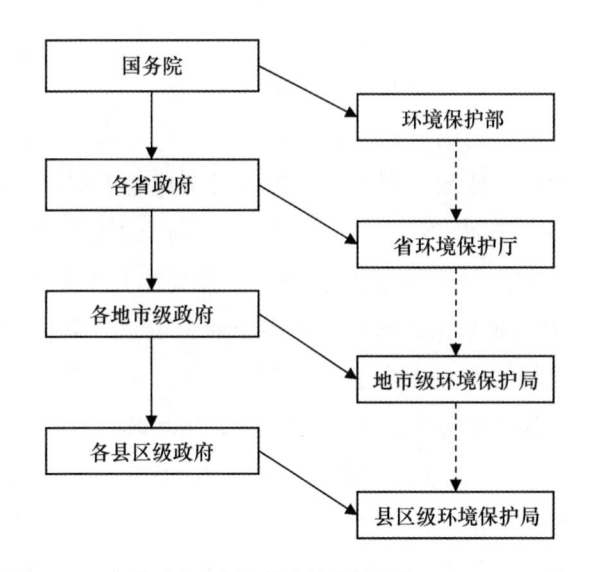

图 3-2 中国地方环保机构层级设置图（2008—2016 年）

注：实线箭头为领导关系，虚线箭头为业务指导关系。

---

① 笔者在 2015 年 7 月 S 市调研中所了解的情况。
② 《临沂治污急转弯：环保约谈后关停 57 家企业，引千亿债务危机》，《澎湃新闻》2015 年 7 月 2 日报道：http://www.thepaper.cn/newsDetail_forward_1347676；《临沂：治霾选择题》，《南方周末》2015 年 7 月 2 日报道：http://www.infzm.com/content/110350。

但是，鉴于环境保护的专业性，名义上垂直指导关系往往在实际中带有较强烈的"条条"关系。这一关系在全面施行省以下环保机构监测监察执法垂直管理制度后变得更加明显。

受制于前述地方上"块块"领导的问题，环保局在进行日常工作中，最主要的问题在于严格执行环保要求可能带来的环保与经济发展的矛盾。这一点环保部也十分清楚。例如，时任环保部部长的陈吉宁在全国环境保护工作会议上指出："如果经济发展一味以牺牲生态环境为代价，这是吃祖宗的饭、欠子孙的债，不算本事、难以持续；也不能只强调环保不顾及发展甚至搞垮了经济，同样不算本事，最后也会伤害环保。"[1] 在作者2015—2016年期间对环保部干部和多位地方环保局干部的访谈中，他们几乎都承认，如果当时就能完全严格执行环保规定，雾霾等污染问题能够得到极大的缓解，不过会使经济和就业付出不小代价。这种状态的彻底改变，是在2016年后环保督察和省以下垂直管理改革开始后才出现的。

地方环保局在日常行政工作中还有许多问题。

第一是人、财、物的限制。过去在"块块"领导下，各地环保局的编制和经费主要由本级政府财政保障，容易造成地方间环保系统的人员和财力的不均衡。例如，SY区人口约20万，面积800平方千米，而环保局人员编制数21人，实际在职人数16人，全局加上非编制人员等仅有不到30人。[2] 区内工业原先以国有大中型企业为主，因企业归属权和转制等原因，目前管辖的企业为中小工业企业。如此大的人口、行政面积和企业数，参照环保系统标准中对环境监察大队和环境保护监测站的配备标准，可以有50人以上规模，则实际却只有约30人，导致人员压力较大，加班十分常见。但同地级市有一个县，则配备了较多的环保系统人员，甚至其中有一个乡镇自行配备了一个监察中队，人员数目与SY区环保局全员相近。

---

[1] 时任环境保护部部长陈吉宁《以改善环境质量为核心全力打好补齐环保短板攻坚战——在2016年全国环境保护工作会议上的讲话》，http://www.gov.cn/guowuyuan/vom/2016-01/15/content_5033089.htm。

[2] 编制数目来源于SY区环保局《2015年环保局部门预算说明》。

人员数量中的编制结构不平衡与财政供养类型多的问题也是各地的普遍现象。例如，垂直管理改革后的 2023 年，HC 区生态环境分局全局近 60 人，其中只有领导和科级干部共 8 个行政编制和十余个事业编制的执法队伍，其他均为非编人员。非编人员不能承担政策制定和执法工作，只能承担辅助工作。与在编人员依靠市级财政供养不同，非编人员大多由区级财政供养。这种编制结构和财政供养方式给生态环保工作带来人员紧缺和地方横向干预等不利影响。

　　人员的科学素质是另外一个问题。由于环保工作涉及专业的环保技术，包含了环境、化学、生物等学科内容，缺乏相关知识的行政职员难以胜任。以 2015 年的 SY 区环保局为例，正副局长以前都是中学教师，讲授化学等学科。该环保局内能够胜任监察等工作多为相关学科背景出身，而其他人员多只能承担后勤保障等职责。这种现象在其他学者的研究中也有发现（Kostka，2014）。近年来随着更多环境专业背景的年轻人入职，这一现象已经明显改善。

　　在财政经费上，各地环保局间也存在着冷热不均的现象，不少环保局办公经费紧张。例如，SY 区环保局 2014 年财政支出总数约 520 万元，污染处理和项目支出约 300 万元，人员工资福利约 90 万元，其余主要为运行费用。① 由于本级财政实际拨款只有 150 万元左右，其余的经费来源一是向企业征收的排污费 200 多万，剩下的主要是上级的项目转移支付。按照一般规定，向企业征收的排污费必须全部使用在污染治理等方面，但由于本级财政拨款不足，该环保局必须从排污费首先提出部分资金补足人员工资福利，再提出部分资金用以配套向上级争取到的专项治理项目。由于办公经费偏紧，保工资、保运转和保证基本污染处理为先，一些可上可不上的自筹项目就需要根据当年财政情况决定。

　　第二是环保局和其他机构间存在缺乏合作、目标模糊和角色冲突的问题。在 2018 年前，各层级都存在着环保跨部门协调问题，地方环保局

---

① 此处财政资金数目的当年支出为 525.86 万元，该数据依据 SY 区环保局公示的《2014 年决算公开》，与受访者所说基本一致，但是该公开数据中的收入端显示，当年财政全额拨款了 521.86 万元，与受访者所言实际拨付 150 万，收取排污费 200 多万和项目转移支付近 100 万明显有差异。笔者认为，此决算公开中的收入划分不够，虽然资金都由财政下达，但排污收费和上级专项转移支付应当与本级实际拨款分开列明。

在对水库治理中与水利部门有交叉，在生态保护、森林保育方面则与林业局等部门有交叉，出现多龙治水的局面（X. Zhan et al., 2014）。这种情况在2018年机构改革后已经改善许多。

第三是执法权不足、执法取证难和处罚低的问题。执法权不足在于对一些污染问题，环保局难以单独执法。例如，验证机动车排放是否污染超标，一种随机检查方法是路检。但是，环保部门本身没有公路执法权，如果需要检查，就需要交警、路政方面的配合，这就涉及部门间协作的问题，且环保局和交警部门都难以有足够人手时常在公路上临时检查尾气排放问题。

执法取证难通常表现在水污染和废气污染上。一般而言，公众对工业污水有明显异味和工业废气明显的烟尘和气味才会举报。一些企业白天开启除尘等设施，但可能在晚上就偷排。由于许多中小企业没有安装在线污染监控设备，环保局的监测难以持续覆盖。一旦接到污染举报，环保局人员要深更半夜出勤，而气味的来源往往不明确，不易找到偷排地点。

如果发现了违法排放，过去的处罚力度十分不足。一是罚款数额较少，二是难以入刑。刑法规定只有特殊的危险物质投放等才可以入刑，而旧的环保法对违法排污的罚款额度较低，企业通过违法或超标排放带来的收益远超罚款力度，导致非法排污常有发生。这种状况在2014年《环境保护法》修订后有所改观，该法在2015年正式适用后，处罚力度有了很大的提升，对违法排污可以按量和按日等连续计算，大额罚款一定程度上减少了企业违法排污的动机。

第四是在上下环保机构的关系中，存在一些日常事务上程序烦琐与文书复杂的问题。基层环保官员普遍谈到了几种现象。第一种现象是下发文件多，中央许多部门在进行改革时，下发了许多文件，许多还没等地方理解吃透，就下发新的文件，使地方疲于奔命。第二种现象是地方的环保局有大量的时间花在向上级汇报工作和数据的过程中，增加了许多不必要的工作量和文书工作。如上级的不同部门间会分别向地方环保局要数据，地方要将数据向上级不同部门汇报多次，格式各不相同，并且有些数据地方在日常中并无记录，需要临时统计，无形中增加了地方的许多工作量。由于上级环保局各部门间缺乏合作和信息共享，造成反复折腾下级的现象。第三种现象是上级的环保检查频繁。上级政府和部门对下级进行检查是中国政府治理体制的惯常现象。上级环保检查的目的通常为巡视地方环保政策执行情况、检查漏洞等，是环保政策执行中上级常有的行为，它在起到督促地方政府做好环保工作的同时，也会带来一些对地方正常工作事务的干扰。因为地方环保事务重，应付检查需要花费大量时间准备汇报材料和陪同考察，分散了不少精力。迎接检查虽属正常工作范围内职责，但加班加点、放弃周末还要背负问责压力，使基层人员颇多怨言。

（二）环保督察、机构改革和省以下垂直管理改革后的情况

为更好地治理环境，解决环保治理中一些体制不顺的现象，中央陆续采取了环保督察、机构改革和省以下垂直管理改革。2015年7月1日，中央全面深化改革领导小组第十四次会议审议通过《环境保护督察方案（试行）》。自2016年1月中央环保督察在河北省开展试点，首轮中央环保督察两年间共派出4批中央环保督察组，完成对全国31省份的全覆盖，问责人数超过1.7万。2018年中央部委机构改革后，依照一级政府一级职能部门的原则，各省级行政区、地级行政区和区县级行政区相应将原环境保护厅、环境保护局改组成为生态环境厅、生态环境局等机构。环境保护部门吸收了水利、国土资源、农业和海洋等部门的部分职能，将一些原来分散在其他部门的环境保护职能集中在新的生态环境部门里，实现了环境保护职能的进一步扩权和集中。2015年10月，中央提出要实行省以下环保机构监测监察执法垂直管理制度，并在2016年9月22日印发了《关于省以下环保机构监测监察执法垂直管理制度改革试点工作的指导意见》，开始了环保系统省以下垂直管理改革的序幕。这些举措给环境治理带来了深刻变化，具体内容将在后续章节讨论。

在环境治理体系中，除政府角色外，还有一个重要主体是公众个人和环保社会团体，常在地方层面有较大的作用。环保团体和公民个人的作用如果能够有效发挥，借助其分布广、网络强的特点，在出现一些局部环境问题时，可以提醒监管部门，起到一种"拉火警"的作用。经济高速发展带来了许多污染问题，如雾霾问题等。这些事关个人健康的问题越来越为人们所熟知和重视，许多环保民间组织和公众个人在其中发挥了积极作用，通过建言献策、提高公众意识和争取政府项目等方法影

响了环境治理的决策和执行（Shapiro, 2012, chapter 5; Tang & Zhan, 2008; J. Y. Zhang & Barr, 2013, chapter 4）。公众听证制度（public hearings）的引入和推广就是一例。一些地方在环境影响评价和提高水价涉及的污水处理部分进行了听证，以扩大公众参与（Zhong & Mol, 2008）。另外，自上而下的环保约谈、督办过程和环保督察中也纳入了公众和媒体，如邀请市民代表和媒体记者等参与督察和督办整改过程。[①]

[①] 《环境保护部探索开放式环保督查》报道称："2015年5月和10月，环境保护部华北环境保护督查中心分别组织对安阳市、承德市约谈及挂牌督办整改情况进行了开放式督查。督查邀请当地市民代表、当地人大代表、有关媒体记者全程参与，督查过程全部对外公开。"参见 https://www.mee.gov.cn/gkml/sthjbgw/qt/201512/t20151216_319342.htm。

第 四 章

中央与地方的行为逻辑

对待环保议题，中央与地方在偏好上是不尽相同的，中央政府更多需要考虑全局性的经济发展与环境保护的平衡问题，地方政府在偏好上，如果没有上级的足够约束，往往更愿意优先考虑本地的经济发展。因此才会出现中央屡屡高姿态强调要有效执行环保政策，但地方政府却在许多环保领域执行不力的情况。

地方为何会有这些行为逻辑？是什么因素发挥着作用？中央又该如何在理论和实际中应对这些地方环境治理不够积极的问题？本章对这些问题进行分析，重点对2016年前的地方政府和环保部门进行分析，并列举中央在近年来采取的一系列改革举措，从中可以理解中央与地方的意图和行为，并帮助理解2016年以来的改革逻辑。

第一节 地方政府的角色和偏好

学界常使用委托—代理理论来解释中国的中央与地方关系。该理论有一个基本假设，即委托方和代理方在一系列既定制度中进行理性的策略选择，但中央与地方关系的互动模式与企业内部的经典委托—代理模式有着明显差异。在政府层级内部，目标并不是简单追求利益最大化。各级政府都有着一系列目标，这些多样化目标彼此可能有冲突。企业的目标是利润最大化，内部采取的激励往往是工资薪酬和行政手段，而政府内部上下级机构都是多任务目标，主要依靠行政手段进行治理（Y. Huang, 2002；Zheng, 2007, p.376）。

再有，中央与地方在偏好上的差异比企业内部更大。中央政府在发展中扮演的角色与地方角色不尽相同,往往要行使宏观调控、平衡地区差距等全局性的职能。而地方政府更多是从自身利益出发而较少顾虑全局性的问题。例如,计划经济时期和改革开放后,中国的地方政府都常有投资扩张的经济发展欲望,易于导致经济过热等现象。从中央的角度看,发现地方上出现的这种行为,就必须适度控制各地的投资规模,防止经济过热和通货膨胀等全局性的风险(Y. Huang, 1999)。因此,中央与地方目标和偏好既存在着共容,也存在着较多冲突。

地方政府在实际环境保护治理中往往面临着如何平衡经济发展与环境保护的冲突。企业是逐利的,它们用脚投票,会趋向选择成本较低的地方落脚,一个地方政府如果对环保政策的执行显著严于周边区域,就可能吓走逐利的企业。从这个角度讲,中央政府要承担的角色是制定统一的、最低的环保标准,防止地方政府间恶性的"逐底竞争"(race to the bottom)。

地方政府在实际运作中,既要回应公众的诉求,也要向上级政府负责。在地方,公众并非铁板一块,有一些人需要就业和民生,不愿意污染企业倒闭,而另一些人因为企业排污而危害到身体健康,有强烈的环保意愿。地方政府因此面临着较为复杂的环保压力。一方面,地方政府要照顾经济发展和保证就业,还要争取招商引资。另一方面,公众对污染问题会进行投诉和上访等,本地过差的环境也有可能影响公众健康、土地收益下降等问题,地方政府也不能彻底无视污染问题。

在中国的地方政府,彼此间广泛存在着招商引资竞争,许多地方竞相以税率优惠、土地优惠和程序便利等方式吸引企业。环境保护在此过程中可能被迫让位于经济发展的考量。一些研究发现,环保投入多少与主政官员升迁没有正向关系,甚至可能是负向的(J. Wu, Deng, Huang, Morck & Yeung, 2013)。而希望晋升的官员在主政期间为创造 GDP,不惜以增加污染为代价,有更高的污染可能(Jia, 2014)。由于过去的绩效考核指标更为重视经济发展等,地方党政领导人对环保事务不如对经济发展那般重视,一定程度上在被动应对上级交代的环保治理任务。

地方党政首长的快速更换也可能对环保政策的执行效果有不利作用。地方党政首长的在任时间普遍少于一届任期(Guo, 2009)。在这样快速升迁或异地任职的过程中,地方党政首长更热衷于做基础设施和形象工程等短、平、快的项目。而对环保建设这种有利于地方未来发展但收效漫长的工程，则不够重视（Y. Cai, 2004；Eaton & Kostka, 2013, 2014）。

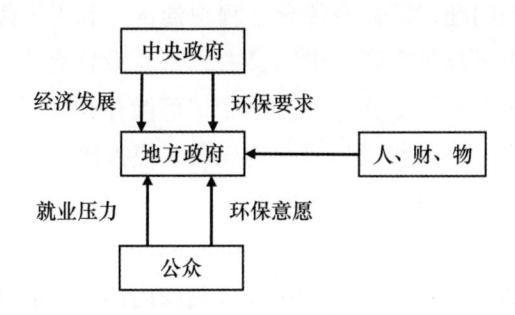

图 4-1 地方政府在环保政策执行中面临的约束

注：本图将地市、县区、乡镇视为地方政府，对省级政府粗略地视为只是上传下达的中间政府层级，以利于简化分析。

就地方环保局自身而言，在地方党政首长的领导下，它们的角色也处于一定的冲突之中。最典型的仍然是经济发展与节能减排的矛盾。例如，访谈发现，对本地政府有意引进的企业，过去的环保局通常要积极帮助进行环境影响评价等事务。[①] 并且，作为曾经地方政府组成部分，环保局也会被分配有招商引资和协助拆迁的任务。

在自身的环保工作中，地方环保部门往往受编制、财力和技术（人、财、物）限制，难以用足够精力对每一个企业、每一种污染物进行完全的监控和治理。因此，在给定出保证经济发展与环境保护平衡、大众就业的社会安定和人财物的限制这些基本条件后，地方环保部门往往依据上级命令和管控能力的可信性和能力，以及本地经济发展水平来有限地执行部分环保政策。地方环保部门的选择标准主要依据上级的命令强度和信息控制能力。

第二节 委托—代理中的命令、激励和信息问题

一 命令、激励与信息的控制

中国的中央政府与下级政府被一层层地嵌入到委托人和代理人的链

---

① 2015 年 7 月，在福建省 S 市 SY 区的访谈。

条中。委托—代理理论认为，除了中央和地方偏好不一致的问题，还存在着信息扭曲的问题，即命令传导过程中的走样和上下级政府间信息不对称的问题。由于幅员广阔，中国自古以来就设置有多层政府层级，中央通过文书等发布的命令在下达过程中，可能存在着折损，或者地方故意选择性地重视一些而忽视另一些的现象，使得政令出现未被有效执行或者"上有政策、下有对策"的现象。

地方政府的信息不对称（information asymmetry）指由于多层政府的存在，越下级的地方政府对本行政区域范围内的事务越了解，比上级掌握了更多关于本地经济、民生等各方面的信息。这种信息不对称的现象使地方可以获得信息优势来应对上级政府。在信息不对称和目标偏好存在差异的共同作用下，委托—代理中就可能存在着逆向选择、道德风险等各类问题。例如，对于地方上出现的问题，地方可能少报、瞒报。对于中央给予的优惠政策如赈灾款项和财政资源，地方则可能刻意多要。由于中央和上级政府缺乏对地方详细信息的足够了解，也难以派员全面了解，许多时候只能默认地方汇报的情况（Xiao & Womack，2014）。当中央政府不能有效掌控地方的信息时，地方的不遵从行为的可能性就大大提高（Y. Huang，1995，1996）。

受政商关系、地方利益和经济发展要求的影响，地方政府里的公职人员可能会倾向于放松环保监管的要求。不同类型背景的地方环保官员在执行力度上会有差别。例如，那些与地方利益瓜葛较深的环保局官员，往往更难独立于地方利益之外，那么就更可能视地方政治、经济、商业等利益高于环保利益，而对污染网开一面（Kostka，2013）。而外地调入、上级下派和非本地人则可能更少纠葛于这些地方利益中。

地方政府的上下级层级中也可能存在共谋现象（周雪光，2008）。一些区县级政府部门的虚假行为，可能已经被市级部门所了解，但市级部门对此却视而不见甚至纵容。市里可能与县区互相讨价还价，共同串谋，在明知地方的实际绩效有限的情况下，却在向更高层级汇报过程中，与县区一同夸大工作绩效。这种地方政府间的合谋现象也限制了中央的信息传递真实程度。

这些命令的折损和信息不对称的问题广泛存在于古今中外的上下级政府间关系中，而中央政府历来也尝试制衡这些问题。那么中央如何强化命令和强化信息控制？有以下几种方式常被使用。

第一种，减少行政层级。在机制比较灵活的私营部门，改革时常会强调扁平化，即减少科层，以减少命令走样和信息损耗，从而有利于命令下达、信息收集和决策进行。在政府部门包括环保机构中，由于层级大多十分固定，此举不易推行。并且，减少行政层级可能带来单一领导层级面对更多下属的问题，有可能降低效率，未必有利于信息收集。

第二种，签订明确合同，明确考核方法并提供有效激励。明确合同的签订有助于厘清上下级的责任与考核方法，并在其中规定具体的激励方法，以确保地方充分了解中央的意图和命令。考核标准可以是要求某些指标达标，或者保证不出现一些问题（所谓的一票否决）。激励方法则包括薪资、荣誉和升迁等，未达标的惩罚则包括通报批评、扣减薪资、贬黜下放等。在中国的环保事务中，上级与下级间依目标责任制签订的各类责任状即属于该类方法，责任状中通常明确了考核目标和责任追究等方式。

第三种，中央向地方派出巡回人员，或诉诸运动式治理手段。在中央政府决定推动做一项事情时，为了抵御地方行政官僚在日常科层运作中的消极心理，中央可以诉诸运动式治理方法，向地方派出巡回官员如钦差、巡抚、工作组等。这些督查人员代表中央，在地方上体察民情、核实信息，确保国家的政策命令等在地方执行时不会过度走样（Chung, 2016；J. V. Zhan, 2009）。中央虽派出了巡回人员，但要确保其为中央服务，就要防止巡回人员"坐地化"，即长期派出后，其认同不再偏向中央，而是认同地方利益，形成与地方的利益共谋，甚至可能坐大成地方实际首领，拥兵自重。中国古代东汉末年的刺史，唐朝中后期的藩镇首领，清朝末年汉族地方大员中都有一定类似现象。在中国的环保事务领域，中央为了督促地方政府执行环保政策，采取了向下派出督察组等方式。

第四种，中央向下自行收集信息。中央可以建立一些方法，自行收集地方上的信息，从而及时发现问题，遏制地方在政策执行中的走偏现象。中国自古在地方上设置的邮驿、允许官员向中央奏折、设置密探、特使以及派出钦差等均有收集信息的目的。这些机构和人员实际上形成了一个并行于地方机构以外的专门信息收集团队，这种方法虽有利于信息控制，但成本高昂，效果也难有保证。现代科技的发展，使得中央可以通过一些科技和网络技术手段收集地方信息（Bovens & Zouridis, 2002）。例如，使用卫星遥感（remote sensing）进行气象、火情、水情、大气污染和植被覆盖等情况的侦测，通过设置监测点位对地方上污染情况进行远程数据回报等。这些信息技术工具的运用，虽然还难以全面覆盖各类信息，但在可以搜集的领域，能够有效提升中央收集信息的效率，减少对地方信息的盲点。

从这些讨论中可以看出，中央可以采取一些方法来遏制中央和地方关系中存在的信息扭曲问题。中国的环保政策执行中，中央同样采取了不少措施。但是，由于环保政策的技术特征复杂而多样，加之领土广袤，受监管的大气、水体等污染源广泛且分散，不同的环保子领域中存在着中央认知重视程度不同、信息扭曲程度不一致的现象，形成不同环保子领域在命令强度和信息真实两个维度上高低不同搭配的情况。

行政命令的强度主要由上下级关系中所采用的行政方法决定，主要由上级政府主导，与政府其他政策部门较为类似。但环保领域的信息控制问题，则与其他的政策领域不大相同。中国的许多政策领域，中央掌握地方绩效的信息能力较强且一致，如计生、招商引资、维稳等。在其他政策领域，中央掌握地方绩效的信息能力较弱且一致，如食品安全等（周黎安，2014）。而环保领域中，有些子政策领域中央掌控地方环保绩效的能力强，在另一些子领域，中央则只有弱的信息掌控能力。这与环境保护领域的特征有关。

二 信息的真实性问题

在委托—代理机制中，在命令下发后，确保上级对下级的控制是这一机制得以有效运作的重要保证，其中一个关键因素在于信息的真实性和及时传递。在中央与地方关系中，信息的缺失或扭曲问题是常见的现象，但在环保领域又有其特点。一个特点是环保领域的信息问题不单纯是科层制之间的信息传递，还有很多的技术问题包含其中。另一个特点是，由于环保涉及的领域众多，水、土壤、大气等不同环境领域的信息问题程度不同，难度不一。这里回顾文献中关于统计数据的讨论，并接着谈及环保数据，来阐释一些环保政策中的信息问题。

（一）统计数据

关于统计数据是否精确的争议已经持续了许多年。数据的不精确问题可能有几种原因，第一种是纯粹的汇报误差，第二种是指标的选取问题，第三种是真正的数据造假。

第一种是纯粹的汇报误差，例如少报、漏报、加总不平衡、多个零或者少个零的现象。这种情况通常是随机分布的，在各国的统计中都难免有个别出现。

第二种是指标的选取问题，它对数据的影响是根本性的，涉及是否精确、可否在不同年间和不同国家地区间进行比较等问题。中国由于经历过计划经济时代，不少指标保留有过往的印记，未能与国际接轨。众所周知的即是中国在20世纪90年代初期前采用类似苏联的国家经济总量核算方法。另外还有如2007年前采取的国家财政科目分类方法也带有深刻的计划经济时代印记，如其中的基本生产建设投资等项目，自2007年才采用了与国际货币基金组织推荐方法基本接轨的财政收支分类科目。在环保领域，指标选取也同样存在不少争论。一个广为人知的指标差异是2011年前后雾霾严重时，PM2.5和PM10数值的差异，此事引起了广泛关注并促成后来全面采用了PM2.5指标。事实上，各个国家间采取的空气指标并不相同，有些重在报告单一指标，有些报告一些由具体指标加权而成的综合污染指标，因此对指标选择多有争论。

第三种则是对中国经济数据争论最大的，即是否存在操纵或造假行为。早期的一些研究认为，中国的GDP数字存在着内部不一致的现象，可能有数据质量问题（Rawski，2001）。但大多研究从总体上认可中国的GDP数据，如Holz认为，中国的GDP数据处在他认为的中国合理增长率的区间范围内，并且仍是最理想的估计（Holz，2014）。官方的GDP和发电、货物运输、夜间灯光数据等存在着高度相关性（Wallace，2016；徐康宁、陈丰龙、刘修岩，2015）。因此，全国GDP基本趋势是可信的。就地方政府的统计数据而言，一般公认，数据的真实性差于全国性的统计数据，主要原因是所谓的"官出数字、数字出官"导致的地方官员在数据汇报上弄虚作假（Wallace，2016）。如媒体报道，一些地方为了政绩目标或完成上级任务而在经济发展和财税收入等数据中注有水分。① 时任辽宁省委书记李克强重视耗电量、铁路货运量和银行贷款发放量三个指标，也是为了减少受地方统计水分的影响（Wallace，2016）。

（二）环保数据

在经济数据受到一些质疑的同时，一些研究也认为，环保数据也存在着数据操纵的现象。例如，有研究发现，中国规定自 2003 年起各城市空气污染少于指数 100 的天数达 80% 才有资格被评为环境保护模范城市后，在关键的阈值附近（如 100），出现了明显的断点跳跃现象，与正常情况下的应当出现的平滑过渡差异明显，因此认为，一些城市有数据造假的嫌疑（Y. Chen，Jin，Kumar & Shi，2012；Ghanem & Zhang，2014；Stoerk，2016）。

地方对环保数据的造假，其动因与经济数据造假有所不同。如不少研究认为，环保做得好，不会为官员晋升增加筹码，只要在减排等关键事项上达标，不会对官员造成不良影响即可。因此，对地方官员而言，操纵环保数据如果确实存在，更多是为遮丑和达标，而不是为了政绩和晋升。例如，在空气污染数据搜集上，2017 年宁夏石嘴山等地刻意派出雾炮车在空气采集点附近喷淋以干扰和降低国控点空气污染数据被生态环境部通报，② 2021 年河南新乡、洛阳、平顶山和江苏等地均有雾炮车喷淋干扰国控城市点位的现象被通报，还有 2016 年西安市长安区环保官员拿棉花堵塞国控监测点空气采样器的造假行为③和 2018 年临汾环保数据造假案。④

在刻意造假问题之外，另一个更重要问题是各级政府对污染实际数据掌握不佳。例如，各级政府对各地各种类型的污染源难以实现全面了

---

① 《东北多地挤统计数据水分：若非当初吹得高，现在不会掉这么多》，《澎湃新闻》2015 年 12 月 10 日报道：http：//www. thepaper. cn/newsDetail_ forward_ 1407184，2016 年 3 月 10 日访问。

② 环境保护部：《2018 年 1 月例行新闻发布会实录》，http：//www. mee. gov. cn/gkml/sthjbgw/qt/201801/t20180131_ 430706. htm。

③ 环境保护部：《关于西安环境质量监测数据造假案有关情况的通报》，http：//www. mee. gov. cn/gkml/hbb/bgth/201707/t20170717_ 417943. htm。

④ 生态环境部：《关于山西省临汾市国控环境空气自动监测数据造假案有关情况的通报》，http：//www. mee. gov. cn/gkml/sthjbgw/stbgth/201808/t20180830_ 456766. htm。

解，对土地污染和水污染中的局部污染情况等没有掌握精确情况。这种信息不充分的原因，一是因为环保本身的技术原因，由于污染和生态破坏种类多、污染源广且散，甚至有些潜在的污染和破坏尚未被人们所发现；二是因为环保系统受人员数量、技术设备和财政资金的限制，对一些本该掌握的数据没有进行有效监测（Kostka，2014）。这种信息的不充分和环境监管中信息高度分散在基层和中小企业的特点使得中央和上级的监督控制较难，一些地方对本地区的实际污染量也缺乏足够了解。

虽然不少环境数据有造假或操纵的可能，但也有一些环境污染源和环境状况的数据真实性较好。例如，中央自行在一些重点企业搭建的在线检测设备，能够自行实时掌握污染数据。再如，中央目前已经在七大干流（长江、黄河、珠江、松花江、淮河、海河、辽河）和大部分流域设立国控监测站，自行监测主要干流的水质情况等。中央建立的这些数据监测站，将自己的信息搜集触角直接伸到了地方层面，能够减少信息传递过程中的走偏情况。

在环评等数据中也存在一定的扭曲可能。过去，各级环保部门普遍被要求计算并实施区域内的排污总量控制。排污总量上限一般根据一个区域的面积大小、气候、自然净化能力等因素进行计算。从理论上讲，如果能日常执行好这一排污总量控制，一年中除了极端情况外，污染水平可以大致控制在良好范围。而过去对地方一直强调总量考核制度，要求每个地区的排放总量要在原有基础上大体零增长或微增长。但是，地方每年都有一些新企业开工，这就需要让一些旧有企业减排的同时，将这些削减额度划给新批项目，以实现总体平衡。这项方案的初衷是好的，可是现实中却有一定扭曲。如一些区级环保工作人员谈到，① 上级要求各区县在过去污染总量排放额度上每年固定削减一定比例，如水体中化学需氧量（COD）每年削减3%，废气排放中二氧化硫等指标零增长等。上级在下达该减排命令时，不考虑地方的工业结构、经济发展水平等，进行"一刀切"。这种缺乏弹性的命令迫使地方采取各种方法应对，做些文字和数字工作来实现减排任务。如一方面合情合理地将已经停产的企业排放指标立即转用，另一方面可能高记现有的污染企业减排情况，从而

---

① 2015年7月福建省S市SY区和2023年12月福建省X市HC区的调研。

将省出来的数据余额转给新批企业。

对于已经安装实时监控设备的企业污染数据，根据公开新闻案例报道，企业可能通过破坏采样管路、开挖排污暗管、人为稀释样品和篡改仪器参数等方法改变排污监测数据。① 这些篡改数据的方法的成本低廉，却能减少企业数十万元的治污成本，因此不少企业铤而走险。虽然新《环境保护法》加强了监管并规定可以按日处罚，但由于全面监管的困难，难免有漏网之鱼。这些在数据上的操作和造假问题都会导致实际排污量高于理论排污总量。

第三节　中央政府的角色与偏好

纵观中国几千年的治理历史，始终存在着中央与地方关系在集权与分权上的调适。对应于地方常有的变通方法，当中央认为有必要限制时，中央也会采取许多策略进行应对。例如，对地方上常规官僚体制慵懒的表现，皇帝个人或中央可能诉诸运动式治理的方法调动地方资源（Kuhn, 1990）。在明清时代，对地方苛捐杂税和陋规等，中央曾承认其存在的必要性，却又在后来进行并税制改革等以限制地方（周雪光，2014）。在20世纪80年代中央与地方财政分灶吃饭的情况下，为应对地方藏富于民等的机会主义行为，中央采取相应行为加以应对，一直到1994年分税制改革完全推翻旧有的分配方式（S. Wang, 2002）。

在环保问题上，环境问题的持续恶化、公众环保理念的提高，也促使中央加强对环保领域既有的中央与地方关系进行改革。如何让地方有效执行中央的政策是组织行为学中非常重要的上下级政府间关系的问题。不同的政策议题、不同的鼓励和监督方法等对执行效果可能有着明显的差异。例如在对中国的荒漠化地区植树项目考察中，中央可以通过处罚

---

① 《多省严打环境监测数据造假背后：企业花百元造假可省投入几十万》，《每日经济新闻》2016年6月20日，http://www.mrjjxw.com/shtml/mrjjxw/20160620/85573.shtml；《破坏采样管路、规避采样时段：福建10家自动监控造假企业被督办》，《中国环境报》2016年6月15日，参见福建省环保厅：http://www.fjepb.gov.cn/zwgk/hbxj/mtbd/201606/t20160615_693622.htm；"在线监测数据造假案例"，山东省环保厅：http://www.sdein.gov.cn/dtxx/hbyw/201606/t20160616_296252.html。均为2016年6月20日访问。

高树苗死亡率、奖励高成活率或者两者皆用的方法来促进地方进行治理，这些方法的效果是不同的（Yu & Wang，2013）。

过去虽然中央反复提及要保护环境，但实际上不少环保官员都坦承，经济发展与环保仍有很大矛盾，但发展中的问题要靠发展解决，不能因噎废食。可以想见，中央完全了解一些地方采取了粗放、高污染的工业生产模式，但中央却在过去打击措施有限，原因除了执法权力不足、人财物不足等原因外，在一定程度上是在适度宽容地方为了经济增长而带来的污染问题。但是，经济发展带来的环境持续恶化问题不单带来巨大的经济损失，还伤害了公众身心健康，强化了公民的环保意识，并带来越来越多的公众不满，可能影响公众的政府信任程度（Alkon & Wang，2016）。

归纳来看，中央政府在环保议题上面临的压力是，既要保证经济发展，又要回应公民的环境诉求。这样就要树立起中央对环境保护的高姿态，不断强调环境保护的重要性，并强化地方的环保政策执行以提高环境质量，减少公众的环保诉求压力。

污染问题的持续、公众日益高涨的环保理念和一系列技术和治理方法的进步，打开了一个政策窗口（Kingdon，1984）。这些给予了中央足够的理由打破原有的环保事权分配，也减少了地方既有利益的抵抗，使得强化环保政策执行和垂直管理成为可能。中央政府的新策略呼之欲出。

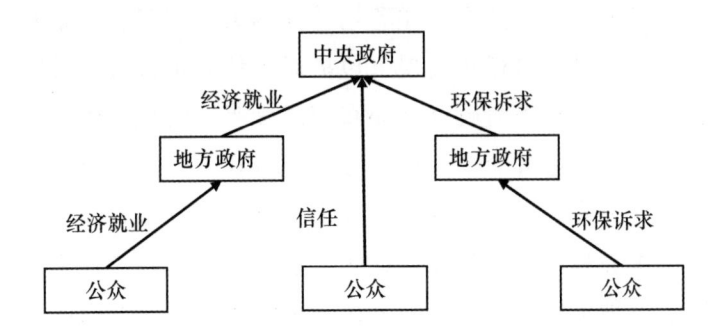

图 4 - 2　中央政府在环保政策执行中面临的约束

注：本书将地市、县区、乡镇视为地方政府，对省级政府概略视为只是上传下达的中间政府层级，以利于简化分析。

第四节 中央政府的理论策略

中央政府为加强环保政策的执行，在近年来除一系列高姿态的文件下发外，还采取了一系列更为具体的手段。主要策略可以归结为两点，一是加强命令传导，二是强化信息反馈。这两点是强化国家能力和加强政策执行的常见做法。环保领域也类似，但有其特点。

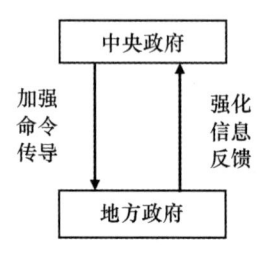

图 4-3 中央政府的策略选择：加强命令传导和强化信息反馈

一 命令

多层级的国家要实现政策的统一就需要命令的传达与执行。古往今来，中央命令是如何让地方实现遵从的呢？通常有三种方式可以考虑，一是通过中央控制的军队和警察等强制力量实现；二是科层制的主要方法，即通过人事任免实现，包括对责任官员位置的升迁和日常的考核；三是通过给予财政资金配套等激励手段实现。中华人民共和国成立以来，中央通过命令控制地方的手段在不同时期重点不同。主要手段包括意识形态、政治运动、人事控制、财政方式和计划资源配置等。当前主要是通过对责任官员的人事任免和绩效考核来实现对地方的控制。这种责任分配自上而下在一级级政府间和部门内部进行责任划分，从而实现这种控制。

目前中国政治体系中，行政命令的下发方式和控制措施有许多种，常见的有意识形态宣传、文件下发、法律制定、开会传达、指标考核、检查、巡视、评比、试点和观摩等（Chung，2016；Gao，2009；Heilmann & Perry, 2011)。党的文件和意识形态宣传起到表态作用，政府内部具体使用法律法规制定、文件下达和开会传达等方式传达命令，要求地方重视，并通过技术性的责任分配、指标考核等方法落实个人责任，最后通过检查、巡视等方法监督地方完成情况。

类似绩效考核的方法在中国被广泛运用，主要被上级政府用来对下级政府施加命令，通过量化的方法督促地方完成任务（Gao, 2009）。这些方法过去在经济发展和计划生育等问题上取得了相当的成功。借鉴这些领域的成功经验，中央也谋求在环保上加强命令，对地方官员和主要国有企业领导采用了量化考核指标和一票否决等形式加强对地方上进行环保努力的要求（A. L. Wang, 2013）。

但一味强调命令也会有一定的副作用。例如过往强调经济发展，造成不少地方唯 GDP 论，带来一些基础设施过度投资、产能过剩、工业结构类似和忽视环境保护等问题（Gao, 2015b）。因此，如何合理地实施行政命令，以及如何通过信息反馈等方式约束地方的策略性行为就显得十分重要。

二 信息控制

多个政府层级的存在，使得信息传递十分重要。对中央政府而言，不仅有了解地方疾苦的作用，还起到监控地方政府的作用。古代中国通过派遣钦差、微服私访、奏折、奏报、驿站传递和密探等方式对地方进行信息收集（Kuhn, 1990）。中华人民共和国成立以来，除了上下级常规的文件来往，中央广泛采用了中央工作组、巡视组和检查组等方式对地方进行检查，以确保并督促地方政府执行中央的规定和精神（Chambers, 2012；Chung, 2016）。新华社驻各地记者也部分扮演着地方信息联络员的角色。类似工作组、巡视组的形式一直延续至今。

除这些巡视方法外，中央还常常采用强化垂直管理的方法。例如，为应对地方主义并加强中央管控能力，1994—2018 年在地方单独设立国税局，1998—2023 年将原先各省的中国人民银行分行重组成跨省份的 9 家分行，在 2000 年后把地方的统计、工商、食品药品和安全生产监督等部门或多或少地改为垂直管理或加强垂直指导（Chung, 2016；Mertha, 2005）。

在环保领域，这种类似的方法也被广泛使用。如上级对下级派出督察组，以督促和检查地方是否有效执行环保政策。公众就环保问题的信访、来访、举报等也作为一种信息反馈制度存在着。

由于环保领域的技术原因，该领域在信息反馈上有一些特点。其他的许多政策监管领域，例如食品安全、工商监管、安监等，地方如果出现责任事故时，往往需要通过层层上报后或经过媒体公开后，中央才能获得信息。中央和地方的信息传递处在一种信息不对称和被动的信息收集位置。而环保领域中的一部分环境污染问题，例如雾霾、大江大河干流的水质等，中央通过河流断面监控、卫星等技术和设备手段能够实时掌握污染数据，可以主动地收集数据，减少了地方的信息延误、扭曲和隐瞒。

环保领域中其他的一些土壤问题等污染，中央主动收集数据的手段则有限。不同的环保子领域在信息收集上的容易程度不同，对中央政策的执行力度也有明显差别。例如，假定中央向地方下达某种具体污染减排的强硬命令后，如果中央有技术手段测量该污染物并明确厘清各地方的责任时，无疑将更加有效地督促地方政府采取措施。而如果中央没有经济实用且技术可行的手段来测量该污染物，那么真实的污染水平便难以为中央所了解，再强硬的命令也难以确保地方有效执行。

因此，强化信息收集能力，是中央加强环保领域中国家能力建设、确保地方有效执行环境政策的重要步骤。为减少地方对数据进行的干预和隐瞒，中央需要尽可能多地建立一套准确的环保数据系统，将自身的信息收集能力下沉到尽可能基础的污染源上。另外，通过要求污染企业对自身环境信息进行公开，加强公众对污染企业的监督和鼓励媒体对污染行为进行曝光等都有助于中央和上级政府掌控地方污染的实际信息。[①]

[①] 时任环保部部长陈吉宁认为，进一步加强企业环境信息的公开是很重要的。参见《以改善环境质量为核心，实行最严格的环境保护制度——国新办就推进大气污染治理和〈环境保护法〉实施等问题举行中外媒体见面会实录》，参见生态环境部：http://www.mee.gov.cn/ywdt/hjywnews/201602/t20160219_330424.shtml。对公众和媒体的环保监督的重视可以从2014年修订通过的新《环境保护法》中体现。

第五节　中央政府的具体策略

综合命令和信息反馈两个维度，从中央的角度看，为了让地方把环境保护工作做得更好，就需要在命令上自上而下强化各级政府的责任，在信息反馈上则强化中央对地方污染情况的信息收集能力。这两项举措已经在法规制定、文件和行政过程中具体体现。首先，全国人大修订了《环境保护法》，强化环保的垂直责任，赋予环保机构必要的执法权力。其次，从党政的角度看，逐渐减少官员绩效考核中对经济增长的硬性要求，转而要求重视环境成本，纳入绿色 GDP。最后，从具体的行政角度看，强化垂直管理并上收了污染的监测事权，采取污染总量控制、区域限批、环保督察与谈话等方法，强化命令的执行并控制好信息的传递。

不少研究认为，在环保领域里的权力配置问题上，中国在刚成立环保部门的 20 世纪 70—80 年代里，由于只有中央和高层级政府有环保机构，所以环保工作主要集中在上级。随着各地广泛建立起环保机构，开始了一个相对放权给地方的过程（S. Chen & Uitto, 2003；Mol & Carter, 2006；C. Wu & Wang, 2007）。如今通过加强垂直管理、监测事权上收和加强环保督察等措施，在命令和信息两个维度上都一定程度强化了国家政策的执行，能够有力加强在环保领域的国家能力建设。这些举措已经呈现出明显效果。

一　环保法对政府间垂直关系立法条款的演变

中国的《环境保护法》经过了数次修订，其中对上下级政府间权责分配的修订是观察中国的环保行政权责变迁和中央与地方关系调适的重要窗口。

1989 年正式的环保法实施后，经过 25 年的实践，许多方面已经不合时宜，为了应对这些问题，环保法在 2014 年进行了再次修订。2014 版环保法与 1989 版环保法相比，有几个重大修订。第一，在政府间垂直关系上有了许多更精细的规定。对涉及上下级政府在标准制定问题、监督执行和处罚问题上规定更加明确，并更详细地规定了涉及跨行政区域污染问题的主体责任。第二，在责任追究上更加明晰。第三，更加鼓励公众参与和公众诉讼等。

具体比对1989版与2014版环保法，有几个政府间关系权责的修订值得注意。

第一，再次明确地方责任的同时（第二十八条），强调上级对下级的监督考核（第六十七条），明确实行环境保护目标责任制和考核评价制度（第二十六条），明确对地方进行重点污染物排放总量控制（第四十四条）。这些均是从自上而下的角度强化命令传导的举措。

第二，强化监测制度，强化国家环境监测站的建设（第十七条），并要求进行环保信息公开和共享（第五十四条）。这些举措旨在强化信息控制，并在后来的中央文件中进一步强化表现为上收监测事权等。

第三，更精细的规定地方环境标准，只可严于而不得低于中央制定的标准（第十五条）。

第四，对跨行政区域的污染问题，强调建立更高层级的政府协作机构和统一标准进行防治（第二十条）。这两项均在法律层面明确规定上级的环保事务权威大于下级政府。

经过这些修订，新环保法在政府间关系领域的规定更加明确了各层级的政府责任，强化了中央对地方的管控和问责。环保法的修改，与加强垂直管理、上收监测事权等行为共同强化了中央对环保治理的管控。

表4-1 《环境保护法》1989版与2014版关于政府间关系问题的修订

修订内容	1989版	2014版
地方责任	第十六条 地方各级人民政府，应当对本辖区的环境质量负责，采取措施改善环境质量	第六条 地方各级人民政府应当对本行政区域的环境质量负责。 第二十八条 地方各级人民政府应当根据环境保护目标和治理任务，采取有效措施，改善环境质量

续表

修订内容	1989 版	2014 版
中央与地方的环境质量标准	第九条　国务院环境保护行政主管部门制定国家环境质量标准。省、自治区、直辖市人民政府对国家环境质量标准中未作规定的项目，可以制定地方环境质量标准，并报国务院环境保护行政主管部门备案	第十五条　国务院环境保护主管部门制定国家环境质量标准。省、自治区、直辖市人民政府对国家环境质量标准中未作规定的项目，可以制定地方环境质量标准；对国家环境质量标准中已作规定的项目，可以制定严于国家环境质量标准的地方环境质量标准。地方环境质量标准应当报国务院环境保护主管部门备案
监测制度与标准	第十一条　国务院环境保护行政主管部门建立监测制度，制定监测规范，会同有关部门组织监测网络，加强对环境监测的管理	第十七条　国家建立、健全环境监测制度。国务院环境保护主管部门制定监测规范，会同有关部门组织监测网络，<u>统一规划国家环境质量监测站（点）的设置，建立监测数据共享机制，加强对环境监测的管理。</u>有关行业、专业等各类环境质量监测站（点）的设置应当符合法律法规规定和监测规范的要求。<u>监测机构应当使用符合国家标准的监测设备，遵守监测规范。</u>监测机构及其负责人对监测数据的真实性和准确性负责
跨行政区域的环境保护	第十五条　跨行政区的环境污染和环境破坏的防治工作，由有关地方人民政府协商解决，或者由上级人民政府协商解决，作出决定	第二十条　国家建立跨行政区域的重点区域、流域环境污染和生态破坏<u>联合防治协调机制，实行统一规划、统一标准、统一监测、统一的防治措施。</u>前款规定以外的跨行政区域的环境污染和生态破坏的防治，<u>由上级人民政府协调解决，或者由有关地方人民政府协商解决</u>
地方官员环保责任与考核		第二十六条　<u>国家实行环境保护目标责任制和考核评价制度。</u>县级以上人民政府应当将环境保护目标完成情况纳入对本级人民政府负有环境保护监督管理职责的部门及其负责人和下级人民政府及其负责人的考核内容，作为对其考核评价的重要依据。考核结果应当向社会公开

续表

修订内容	1989版	2014版
总量控制制度		第四十四条　国家实行重点污染物排放总量控制制度。<u>重点污染物排放总量控制指标由国务院下达，省、自治区、直辖市人民政府分解落实</u>
各级政府的环保信息公开	第十一条　……国务院和省、自治区、直辖市人民政府的环境保护行政主管部门，应当定期发布环境状况公报	第五十四条　国务院环境保护主管部门统一发布国家环境质量、重点污染源监测信息及其他重大环境信息。省级以上人民政府环境保护主管部门定期发布环境状况公报。 县级以上人民政府环境保护主管部门……应当依法公开环境质量、环境监测、突发环境事件以及环境行政许可、行政处罚、排污费的征收和使用情况等信息……应当将企业事业单位和其他生产经营者的环境违法信息记入社会诚信档案，及时向社会公布违法者名单
处罚标准		第五十九条　……依法作出处罚决定的行政机关可以自责令改正之日的次日起，按照原处罚数额按日连续处罚。 ……<u>地方性法规可以根据环境保护的实际需要，增加第一款规定的按日连续处罚的违法行为的种类</u>
违法举报		第五十七条　公民、法人和其他组织发现地方各级人民政府、县级以上人民政府环境保护主管部门……不依法履行职责的，<u>有权向其上级机关或者监察机关举报</u>
环保部门内部监督与对污染处罚		第六十七条　<u>上级人民政府及其环境保护主管部门应当加强对下级人民政府及其有关部门环境保护工作的监督</u>。发现有关工作人员有违法行为，依法应当给予处分的，应当向其任免机关或者监察机关提出处分建议……<u>上级人民政府环境保护主管部门可以直接作出行政处罚的决定</u>

续表

修订内容	1989 版	2014 版
环保部门内部责任追究	第四十五条　环境保护监督管理人员滥用职权、玩忽职守、徇私舞弊的，由所在单位或者上级主管机关给予行政处分；构成犯罪的，依法追究刑事责任	第六十八条　地方各级人民政府、县级以上人民政府环境保护主管部门……有下列行为之一的，对直接负责的主管人员和其他直接责任人员给予记过、记大过或者降级处分；造成严重后果的，给予撤职或者开除处分，其主要负责人应当引咎辞职：（共九类，略） 第六十九条　违反本法规定，构成犯罪的，依法追究刑事责任

资料来源：1989 版《中华人民共和国环境保护法》，1989 年 12 月 26 日第七届全国人民代表大会常务委员会第十一次会议通过，自公布之日起施行。2014 版《中华人民共和国环境保护法》，2014 年 4 月 24 日第十二届全国人民代表大会常务委员会第八次会议修订，自 2015 年 1 月 1 日起施行。

二　政绩考核中纳入环保成本

以往的研究认为，官员们较为重视能够给自己带来更大晋升可能的经济增长绩效，而相对忽视环境保护。例如有研究发现，经济增长率快的地方，其官员升迁几率往往更高，而对环保的投入多少则与官员升迁没有关系甚至负向相关（J. Wu et al., 2013）。中央政府也明白，对地方发展经济的要求和对主要官员的考核办法导致了地方政府过去重经济发展而轻环保的现象。因此，从中央的角度来看，需要改变对官员的绩效考核的指标构成，减少绩效考核中的经济发展比重而增加环保比重。中央的做法，一是强调环境保护理念，反复重申"绿水青山就是金山银山"；二是淡化经济增长目标，并推出绿色 GDP 的概念；三是要求对地方官员进行考核时纳入环境成本，对党政领导干部在当政时造成的生态环境损害进行责任追究。

所谓绿色 GDP 核算，要求在原有国民经济核算体系的基础上，将资源和环境因素纳入其中。[①] 中央政府在 2005 年《国务院关于落实科学发

[①] 国家环境保护总局、国家统计局：《中国绿色国民经济核算研究报告（2004）》，https://www.mee.gov.cn/gkml/sthjbgw/qt/200910/t20091023_180018.htm。

展观、加强环境保护的决定》中就提出,要逐渐采用绿色 GDP 的核算方式替代传统 GDP 的核算方法。① 2006 年由国家环保总局和国家统计局首次公布的 2004 年绿色 GDP 核算研究报告指出,总环境污染退化成本占地方合计 GDP 的 3.05%,要全部处理当年的污染物,投资额相当于当年 GDP 的 6.8%。② 在之后的时间里,总体环境污染成本呈现逐渐上升的态势。2010 年生态环境退化成本占当年 GDP 的 3.5%,环境质量随经济发展在继续恶化。③

鉴于绿色 GDP 缺乏统一标准,2004 年后不再公布官方的绿色 GDP。沉寂数年后,2015 年,中共中央和国务院印发了《生态文明体制改革总体方案》,其中第九节"完善生态文明绩效评价考核和责任追究制度"中,提出"研究制定可操作、可视化的绿色发展指标体系。制定生态文明建设目标评价考核办法,把资源消耗、环境损害、生态效益纳入经济社会发展评价体系"。由此,环保部重启了绿色 GDP 的研究,升级为绿色 GDP 2.0。④ 再次强调绿色 GDP 的行为促使一些地方政府将环保成本纳入经济发展的考量中。

中共中央办公厅和国务院办公厅还制定了《党政领导干部生态环境损害责任追究办法(试行)》,其中规定,"党委及其组织部门在地方党政领导班子成员选拔任用工作中,应当按规定将资源消耗、环境保护、生态效益等情况作为考核评价的重要内容"(第九条),"受到责任追究的党政领导干部,取消当年年度考核评优和评选各类先进的资格"(第十五条)。⑤ 配合这一办法,中共中央、国务院还下发了《开展领导干部自然

---

① 《国务院关于落实科学发展观、加强环境保护的决定》(国发〔2005〕39 号),2005 年 12 月 3 日。其中第三十条提出"研究绿色国民经济核算方法,将发展过程中的资源消耗、环境损失和环境效益逐步纳入经济发展的评价体系",https://www.mee.gov.cn/zcwj/gwywj/201811/t20181129_676393.shtml。

② 国家环境保护总局、国家统计局:《中国绿色国民经济核算研究报告(2004)》,https://www.mee.gov.cn/gkml/sthjbgw/qt/200910/t20091023_180018.htm。

③ 环保部环境规划院:《中国环境经济核算研究报告 2010(公众版)》。

④ 环保部:《加快推进生态文明建设,有效推动新环保法落实:环境保护部重启绿色 GDP 研究》,2015 年 3 月 30 日,https://www.mee.gov.cn/gkml/sthjbgw/qt/201503/t20150330_298346.htm。

⑤ 新华网:《党政领导干部生态环境损害责任追究办法(试行)》印发,2015 年 8 月 17 日,http://news.xinhuanet.com/politics/2015-08/17/c_1116282540.htm。

资源资产离任审计试点方案》。

许多地方政府为努力做好经济发展和环境保护的平衡,开始在工作报告中淡化经济增长的目标率。例如上海在 2015 年的政府工作报告中,出于调整结构和实现更高发展质量的要求,首次不明确提出经济增长率,不再考核各个区县的经济增长率,并更为关心环境数据。①

三 污染总量控制和污染权交易

污染总量控制和污染权交易在中国并非新鲜事物。中国目前已经广泛执行污染总量控制,并建设完善污染权交易制度。基于环境自净能力估计,世界范围内的环保治理经验逐渐发展出了一套区域污染总量控制的管理方法,并由此进一步发展出区域间、企业间污染权交易制度。一个地区的环境自净能力是有限的,区域排污总量上限一般根据一个区域的面积大小、气候、自然净化能力等因素进行计算。从理论上讲,如果能日常执行好排污总量控制,除了极端气象等情况外,大气污染和水污染水平等可以大致控制在良好范围。

2005 年年末,国务院在《加强环境保护的决定》中提出:"要实施污染物总量控制制度,将总量控制指标逐级分解到地方各级人民政府并落实到排污单位。推行排污许可证制度。"② 依环境保护部 2015 年时的机构编制,污染物排放总量控制司为其中一个司,在实际的执法中,它与环境监察局合作十分紧密。环保部污染物排放总量控制司和污染防治司在 2016 年 3 月撤销并改组为水、大气和土壤三个环境管理司。该司原来设有水污染物总量控制处和大气污染物总量控制处。虽然机构已被撤销,但其职能继续保留在了三个司中。根据环保部网站的介绍,污染物排放总量控制司原来的主要职责有:③

---

① 《2015 上海市政府工作报告率先取消 GDP 增长目标》,澎湃新闻,http://www.thepaper.cn/newsDetail_forward_1297441_1。

② 《国务院关于落实科学发展观、加强环境保护的决定》(国发〔2005〕39 号),http://news.xinhuanet.com/environment/2006-04/17/content_4434875.htm。

③ 原环境保护部污染物排放总量控制司网站,http://zls.mep.gov.cn/,2015 年 10 月最后访问。

……组织测算并确定重点区域、流域、海域的环境容量。组织编制总量控制计划。提出实施总量控制的污染物名称、总量控制的数量及对各省（自治区、直辖市）和重点企业的控制指标。监督管理纳入国家总量控制的主要污染物减排工作。负责污染减排工程运行监督工作。建立和组织实施总量减排责任制考核制度……组织开展排污权交易工作。

　　由此介绍来看，污染总量控制最核心的内容在于，确定环境容量后，提出污染物总量控制的污染物内容和数量，并对此进行监督和考评。

　　在污染物总量控制的任务和方法提出后，污染权的跨区域交易开始被提上日程。2011 年，国家发展和改革委员会下发通知，开发试点并建立国内碳排放交易市场，[①] 2020 年，生态环境部发布《碳排放权交易管理办法（试行）》，我国逐步建立起碳排放权交易制度。[②]

四　强化垂直管理、事权上收和重点企业直接监控

　　在讨论中央与地方的政府间关系时，对集权和分权孰优孰劣争论不休。一种论点认为，地方政府更贴近基层，有更多的信息，而中央因为信息反馈链长，可能因损耗和刻意隐瞒导致信息失真（Treisman，2002）。因此他们建议，在公共事务上尽可能分权以充分调动地方积极性和信息优势（Oates，1999）。

　　但是，对分权不信任的学界观点认为，对一些事务的分权可能导致地方"逐底竞争"。这在环保领域表现为，地方为吸引企业落户、税收增加和经济发展，不惜竞相降低环保标准，放松环保执法。为遏制这种现象发生，就要求中央能够管控地方的环保行为，遏制这类逐次现象。但是，中央直接管控地方政府的施政行为并不容易，需要有经济可行的方法给予地方足够的激励和监督以促使其遵守中央意愿。

　　在环保的部分领域，这种管控地方的方法是有可能的，关键就是通

[①]《国家发展改革委办公厅关于开展碳排放权交易试点工作的通知》（2011），其中提出"同意北京市、天津市、上海市、重庆市、湖北省、广东省及深圳市开展碳排放权交易试点"。

[②]　生态环境部：《碳排放权交易管理办法（试行）》（2020 年 12 月 31 日）。

过技术手段监测污染的水平。这一方法不直接敦促或指导地方政府具体采取何种方法管理环保事务，它只是从污染的结果上要求地方无论怎样执行环保政策，最终的污染水平不可以超过中央设定的标准。

污染问题的侦测技术特征还表现在，由哪级环保部门进行污染数据侦测，在准确性和真实性上可能不同。这与政府管理体制有关，地方的环保职能部门是"条条"管理还是"块块"管理，究竟是听命于上级的环保部门还是听命于本级政府首长事关重大。在过去"块块"管理的环保体制下，为照顾地方经济发展，地方环保部门有动机并且有能力少报、瞒报一些污染数据。个别地方政府及其主要负责人出于政绩目的，也可能指使篡改、伪造监测数据。这些问题在关于中国的地方经济增长率、财政增长和安全事故率等方面已经有了许多研究和争论（Guo，2009；Holz，2014；Nie et al.，2013；Rawski，2001；Wallace，2016；H. X. Wu，2007）。为提高污染数据的真实性，一种方法是加强执法监察和问责，强化垂直管理；另一种方法是提升污染监测事权。

中央政府环保部门已经越来越意识到这些问题，开始改变地方环保机构设置的"块块"关系，强调加强垂直管理并进行了一系列监测事权上收工作。依照以往工商和食药等系统的改革过程和经验，环保领域强化垂直管理主要在"块块"关系中，重点改变几个部分（Mertha，2005）。第一个是编制，要从地方定编制改为省级环保部门定编制。第二个是人事任命，县区生态环境局改为市级生态环境局的派出分局，县区生态环保局的主要领导不再由地方政府任命，改由省市环保机构直接任命或提名。第三个是财政资金的分配，由主要由地方承担改为省市安排，辅助以地方帮助。原环境保护部部长陈吉宁认为，这项改革的目的就是要"落实地方政府及其相关部门的环保责任"和"解决地方保护主义对环境监测监察执法的干预"。[①] 这里，以中央所发的一系列文件探讨这一

[①] 2016年3月11日，全国"两会"期间，环保部长陈吉宁就"加强生态环境保护"答记者问中，谈到进行省以下环保机构监测监察执法垂直管理制度，"这项改革有四个目的：一是要落实地方政府及其相关部门的环保责任，这是环保法第六条的规定。二是要解决地方保护主义对环境监测监察执法的干预。三是要进一步统筹跨区域、跨流域环境管理的问题。四是要规范和加强地方环保机构队伍的建设。我们要达到这四个目的。"参见新华网 http://www.xinhuanet.com/politics/2016lh/zhibo/gov_ 20160311b/wzsl.htm。

管控过程的实际意图和具体方法。

2015年9月,中共中央、国务院印发《生态文明体制改革总体方案》,强调了一系列环保权责问题。① 包括"合理划分中央地方事权和监管职责","制定生态文明建设目标评价考核办法,把资源消耗、环境损害、生态效益纳入经济社会发展评价体系","对领导干部实行自然资源资产离任审计","建立生态环境损害责任终身追究制"和"建立国家环境保护督察制度"。之后党的十八届五中全会《会议公报》明确提出:"实行省以下环保机构监测监察执法垂直管理制度"。② 此次会议通过的《中共中央关于制定国民经济和社会发展第十三个五年规划的建议》则更加细致地提出"建立全国统一的实时在线环境监控系统。健全环境信息公布制度。探索建立跨地区环保机构。开展环保督察巡视,严格环保执法。"③

监测、监察和执法事实上包含了地方环保局的核心职能,实行垂直管理制度、统一监控和加强督察巡视都是强化中央对地方环境事务管理的特征。而在这些纲领性的文件前后,还有一系列的细致文件和明确动作上收监测事权。

2015年7月,中央全面深化改革领导小组审议通过并印发《生态环境监测网络建设方案》,要求环境监测能够统一和共享:"建立统一的环境质量监测网络""按照统一的标准规范开展监测和评价,客观、准确反映环境质量状况""全国联网,实现生态环境监测信息集成共享。"④ 文件明确要求进一步上收环境监测事权:"地方各级环境保护部门相应上收生态环境质量监测事权,逐级承担重点污染源监督性监测及环境应急监

---

① 中国政府网:《中共中央、国务院印发〈生态文明体制改革总体方案〉》(2015年9月21日), http://www.gov.cn/guowuyuan/2015-09/21/content_2936327.htm。

② 新华社:《中国共产党第十八届中央委员会第五次全体会议公报》(2015年10月29日中共第十八届中央委员会第五次全体会议通过), http://news.xinhuanet.com/politics/2015-10/29/c_1116983078.htm。

③ 新华社:《中共中央关于制定国民经济和社会发展第十三个五年规划的建议》(2015年10月29日中国共产党第十八届中央委员会第五次全体会议通过), http://news.xinhuanet.com/fortune/2015-11/03/c_1117027676.htm。

④ 《国务院办公厅关于印发生态环境监测网络建设方案的通知》(2015), https://www.mee.gov.cn/zcwj/zyygwj/201508/t20150818_308301.shtml。

测等职能。"为确保测量质量,文件鼓励市场参与:"开放服务性监测市场,鼓励社会环境监测机构参与排污单位污染源自行监测、污染源自动监测设施运行维护等环境监测活动。"

该文件还明确将这些监测数据用于考核和问责,"为考核问责提供科学依据和技术支撑"。大气污染防治行动也规定,考核采用国控城市环境空气质量评价点位,从而在技术上防范地方的信息造假行为。

表4-2 关于垂直管理、提升环保监测事权和加强环保问责的相关文件

时间	文件名称
	纲领性文件
2015年4月	中共中央、国务院《关于加快推进生态文明建设的意见》
2015年9月	中共中央、国务院《生态文明体制改革总体方案》
2015年10月	《中国共产党第十八届中央委员会第五次全体会议公报》
2015年10月	《中共中央关于制定国民经济和社会发展第十三个五年规划的建议》
2016年9月	中共中央办公厅、国务院办公厅《关于省以下环保机构监测监察执法垂直管理制度改革试点工作的指导意见》
	环保监测
2015年2月	环保部《关于推进环境监测服务社会化的指导意见》[1]
2015年7月	国务院《生态环境监测网络建设方案》
2015年12月	财政部和环保部《关于支持环境监测体制改革的实施意见》
2015年12月	环保部《环境监测数据弄虚作假行为判定及处理办法》[2]
2015年	环保部《国家生态环境质量监测事权上收实施方案》
2016年2月	环保部《生态环境监测网络建设方案实施计划(2016—2020年)》
2016年3月	《"十三五"国家地表水环境质量监测网设置方案》

---

[1] 环境保护部:《关于推进环境监测服务社会化的指导意见》,http://www.mee.gov.cn/gkml/hbb/bwj/201502/t20150210_ 295694.htm。

[2] 环境保护部:《关于印发〈环境监测数据弄虚作假行为判定及处理办法〉的通知》,http://www.mee.gov.cn/gkml/hbb/bwj/201512/t20151230_ 320804.htm。

续表

时间	文件名称
2017年9月	中共中央办公厅、国务院办公厅《关于深化环境监测改革提高环境监测数据质量的意见》
环保问责	
2014年4月	环保部《环境保护部约谈暂行办法》
2015年7月	中央深化改革领导小组《环境保护督察方案（试行）》
2015年8月	中共中央、国务院《党政领导干部生态环境损害责任追究办法（试行）》
2015年11月	中共中央、国务院《开展领导干部自然资源资产离任审计试点方案》
2019年6月	中共中央办公厅、国务院办公厅《中央生态环境保护督察工作规定》
2020年8月	生态环境部《生态环境部约谈办法》
2022年1月	中共中央办公厅、国务院办公厅《中央生态环境保护督察整改工作办法》

资料来源：根据中国政府网（www.gov.cn）和生态环境部（www.mee.gov.cn）整理。

2015年12月，财政部和环保部联合印发《关于支持环境监测体制改革的实施意见》。①首先承认"中央与地方环境监测事权还没有完全理顺，地方行政干预监测数据的现象依然存在"，其次明确要求"支持建成国家大气、水、土壤等环境质量监测直管网"，"增加国控监测站点和断面建设，将全部国控监测站点和断面分步上收由国家直管"，"具备条件的省（自治区、直辖市）可上收辖区内市、县两级的环境质量监测点位、断面，满足省级考核要求"。2017年9月，中共中央办公厅、国务院办公厅相应下发了《关于深化环境监测改革提高环境监测数据质量的意见》。2015年，环保部还发布了《关于推进环境监测服务社会化的指导意见》《环境监测数据弄虚作假行为判定及处理办法》《生态环境监测网络建设方案实施计划（2016—2020年）》等文件来提升环境监测数据的准确性。

在重点污染企业监测方面，国家重点监控污染企业名单已经存在有

---

① 2015年12月财政部和环保部联合印发《关于支持环境监测体制改革的实施意见》。

多年。① 近来则要求自行监测、信息公开和在线监测。具体来看，《生态环境监测网络建设方案》要求"健全重点污染源监测制度。各级环境保护部门确定的重点排污单位必须落实污染物排放自行监测及信息公开的法定责任"，"国家重点监控排污单位要建设稳定运行的污染物排放在线监测系统"。

环境质量国控点监测事权上收与环境质量监测网络的建设完善在实际工作中已推进多年。根据"谁考核、谁监测"的改革原则，目前已经逐步将一些技术能够实现的监测项目的事权上升到中央或省市。例如，一些重点监控的火电等大型企业的废气排放口直接安装了生态环境部的监测系统，实现数据实时监测和公开。② 原环保部在"十三五"期间上收地级市的空气质量监测系统，将国家地表水环境质量监测网断面由 972 个调整到 2700 多个。③ 在县区与县区交界的地表水河流断面，许多省或市已经设立自己的污染监测站，独立就化学需氧量（COD）等数据进行监测。

上收监测事权并鼓励市场和第三方参与对确保数据质量和减少人为操纵的现象是有明显效果的。例如，山东省环境空气质量自动监测实行"转让—经营（TO）"模式后，按照老标准计算的空气质量良好率，由过去各市自行上报的 90% 以上降低至 60%，下降了约 30%。相反，全省空气站设备运行率和数据准确率却上升到了 90% 以上。④

---

① 搜索生态环境部网站发现，至少从 2005 年开始，每年都有国家重点监控名单。多年来环办第 116 号文件都是该监控名单，可参考环保部办公厅《关于印发 2014 年国家重点监控企业名单的通知》，2013 年 12 月 26 日，http：//www.mee.gov.cn/gkml/hbb/bgt/201312/t20131231_265877.htm。环保部办公厅：《关于印发 2015 年国家重点监控企业名单的通知》，2014 年 12 月 31 日，http：//www.mee.gov.cn/gkml/hbb/bgt/201501/t20150107_293958.htm。环保部办公厅：《关于印发 2016 年国家重点监控企业名单的通知》，2016 年 1 月 4 日，http：//www.mee.gov.cn/gkml/hbb/bgt/201602/t20160204_329897.htm。
② 笔者 2015 年 7 月在环保部访谈所了解。
③ 环境保护部：《保数据真实，增支撑能力》，https：//www.mee.gov.cn/ywdt/hjywnews/201601/t20160106_321109.shtml。
④ 曹俊：《事权上收，带来多大变化？——关于生态环境质量监测事权上收的十个问题》，《环境经济（新环境）》2015 年总第 154—155 期。

表 4-3　　　　　　　　　环境监测点位与国控数

年份	环境空气监测点位	#国控监测点位数	地表水水质监测断面点位数	#国控断面点位数	饮用水水源地监测点位数	#地表水监测点位数	#地下水监测点位数	近岸海域监测点位数
2007	3033	632	8348	759				622
2010	4468	851	11349	745	1121			836
2011	2941	1126	8960	1040	3856	2995	881	724
2012	3189	1436	8173	972	2995	2125	870	645

资料来源：《中国环境年鉴》，历年。

表 4-4　　　　　　　　　重点企业监测情况

年份	开展污染源监督性监测的重点企业数	已实施自动监控总数	已实施自动监控国家重点监控企业数	#水排放口数	#气排放口数	COD监控设备与环保部门稳定联网数	NH_3-N监控设备与环保部门稳定联网数	SO_2监控设备与环保部门稳定联网数	NO_X监控设备与环保部门稳定联网数	已实施自动监控省级重点监控企业数
2007	36873	7205	3483			1613		1150		3722
2010	48024		7988	5890	5816					
2011	56684		7990	6224	6015	3947	1488	2160	1961	
2012	57136		9215	7293	6765	4503	3194	4314	4106	

资料来源：《中国环境年鉴》，历年。

五　区域限批、环保督察与环保约谈

（一）区域限批

环境影响评价制度已在国际上广泛使用，中国也早已实行了环评制度。在此基础上，2005年年末，国务院在《加强环境保护的决定》中第二十一条提出区域限批，即"对超过污染物总量控制指标、生态破坏严重或者尚未完成生态恢复任务的地区，暂停审批新增污染物排放总量和对生态有较大影响的建设项目",直至该地区完成整改。① 这一规定在环评制度上结合区域限批,成为中国特有的环保政策执行模式,对地方的政府部门起到了立竿见影的威慑效果。由于许多工业项目的审批需要通过环境影响评价,一旦该区域内所有可能产生污染的项目都停止审批,相当于地方无法上马任何新的工业项目,这对重视经济发展政绩的地方党政官员来说无疑扼住了他们的喉颈。因此,一旦被区域限批,为了早日解禁,地方官员会努力完成上级环保部门的整改要求。从长期来讲,区域限批也敦促以往在环评和污染问题上得过且过的地方官员更加重视环境保护(X. Zhu et al. , 2015)。

根据竺效等的研究,截至 2015 年 7 月,由环保部、省级环保部门、市级及以下环保部门作出的区域限批案例分别为 48、67 和 5 个,共计 120 个(X. Zhu et al. , 2015)。其中,约 20 省份曾被环保部(环保总局)区域限批,15 个省级环保部门向所辖内部区域下发过限批。②

(二) 环保督察

在环保督察上,最初中央的环保相关文件中,"督察"与"督查"都有使用。一般而言,督察更偏向于执法意义,督查则更偏向于督促的意义。本书不仔细区分两者差别,而是将两者混用。督查(督察)大意是一种中央政府或上级政府向下级机构派出代表进行临时性的巡视、督导、检查等,是督促下级政府机构有效执行政策和法律的重要方式,通常是为了运动式地促使地方执行中央政策而进行的工作(陈家建,2015)。中国历史上的御史、巡抚和钦差等官职即代表中央对地方进行巡视和监察。这些方法有助应对科层制的僵化和消极,在中央重视的领域里督促地方投入资源执行中央政策。

2014 年年底,环保部印发《环境保护部综合督查工作暂行办法》对督查工作加以指导。此后的一系列文件均统一使用"督察"而不再使用"督查"。2015 年 7 月,中央深化改革领导小组印发《环境保护督察方案

---

① 《国务院关于落实科学发展观、加强环境保护的决定》(2005),http://news.xinhuanet.com/environment/2006-04/17/content_4434875.htm。

② 《区域限批:环保杀手锏的边界在哪》,《南方周末》,http://www.infzm.com/content/110662。

（试行）》并于2019年6月由中共中央办公厅、国务院办公厅印发《中央生态环境保护督察工作规定》。在实践中，环保区域限批和环境污染整治等都需要由上级部门进行督察。原环保部承担日常工作的是环境监察局，重组后的生态环境部则设有中央生态环境保护督察办公室，并于2023年更名为中央生态环境保护督察协调局。中央层级的环境督察有些类似于中央纪律检查委员会的巡视制度，根据不同地区的污染严重程度有选择性地派出专门的监察队伍。例如，2015年12月31日至2016年2月4日，中央派出首批专门的督察组进驻河北，针对河北省的空气污染治理开展环境保护督察，并形成督察反馈意见。① 这个督察组以环保部监察局为主体，还包括发改委等职能部门，不仅提升了环保部的执法效力和最终效果，还有助于对钢铁等过剩产能问题带来的空气污染进行处理。

表4-5　　　　　　　　生态环境部六个督察局

名称	负责省市	驻地	编制数
华北督察局	北京 天津 河北 山西 内蒙古 河南	北京	40人
华南督察局	湖北 湖南 广东 广西 海南	广州	65人
西南督察局	重庆 四川 贵州 云南 西藏	成都	40人
西北督察局	陕西 甘肃 青海 宁夏 新疆	西安	—
华东督察局	上海 江苏 浙江 安徽 福建 江西 山东	南京	—
东北督察局	辽宁 吉林 黑龙江	沈阳	—

资料来源：各督察局网页。编制为2016年的情况。六个督察局的前称分别为华北环境保护督查中心、华南环境保护督查中心、西南环境保护督查中心、西北环境保护督查中心、华东环境保护督查中心、东北环境保护督查中心，参见《环保部六大中心督查数十城，"环保钦差"能打破地方保护吗？》，2015年8月5日。②

各级地方环保局内也设有环境监察队进行执法和监察。监察的内容一部分是检查地方企业的环保执行情况，另一部分是督察地方政府是否

---

① 《中央环境保护督察组向河北省反馈督察情况》，《人民日报》（2016年5月4日第13版），http://paper.people.com.cn/rmrb/html/2016-05/04/nw.D110000renmrb_20160504_1-13.htm。

② 澎湃新闻：《环保部六大中心督查数十城，"环保钦差"能打破地方保护吗？》，2015年8月5日：http://www.thepaper.cn/newsDetail_forward_1360671。

有效执行了环保措施。日常督察和检查有几种做法。第一种是根据地方上报的文件进行判断，这种方法较为传统，信息的真实性有限，地方政府可操控的空间较大。第二种是随机或突击到一些污染企业进行实地检查，以检查地方政府是否有督促企业严格执行环保措施。第三种则是依赖监测技术，依据河流断面的污染程度、空气污染程度、节能环保措施、森林覆盖率等技术可侦测的信息用以判断地方在环保层面的实际成果。

（三）环保约谈

继区域限批和环保督察后，直接由上级环境主管部门约谈地方党政首长的现象开始出现。根据《环境保护部约谈暂行办法》（2020 年修订为《生态环境部约谈办法》）规定，约谈是指"环境保护部约见未履行环境保护职责或履行职责不到位的地方政府及其相关部门有关负责人，依法进行告诫谈话、指出相关问题、提出整改要求并督促整改到位的一种行政措施"。[①] 这主要是在华北雾霾获得广泛关注后，中央环保部门采取的新方法。

最开始和最引人关注的约谈对象，多是因大气污染治理不力而被环保部门约谈。其中最先引发媒体广泛关注的是山东临沂。山东临沂主要领导人受到环保谈话后，开始了大规模的运动式治理，关停了大批企业。[②] 这一运动式治理在广度和深度上或许前无古人，后也少有来者，媒体甚至用休克式来形容这次运动的深度。事件起因是中央电视台《焦点访谈》曝光了山东临沂地区空气污染严重的问题。地方主要领导人因此被环保部约谈，并承诺不会再有此种现象出现，随即临沂开始了大规模休克式的环境整治运动。

2014 年至 2015 年 10 月间，根据媒体报道，环保部约谈了 20 多个城市或国有企业，被约谈对象基本为市长（13 位）、县长（2 位）和单位负责人（7 位）等行政首长。在具体原因中，主要是因为未完成环保目标

---

① 环境保护部：《环境保护部约谈暂行办法》，2014 年 5 月 16 日。
② 《临沂治污急转弯：环保约谈后关停 57 家企业，引千亿债务危机》，《澎湃新闻》2015 年 7 月 2 日报道，http://www.thepaper.cn/newsDetail_forward_1347676，《临沂：治霾选择题》，《南方周末》2015 年 7 月 2 日报道，http://www.infzm.com/content/110350。

任务、未完成污染减排、环境污染破坏和建设项目环境违法问题。

依据2014年《环境保护部约谈暂行办法》和2020年《生态环境部约谈办法》，环保约谈程序首先由主持约谈方说明约谈事由和目的，指出被约谈方存在的问题，其次由被约谈方就约谈事项进行说明，提出下一步拟采取的措施，最后由主持约谈方依法提出相关整改要求及时限。从这个程序的字面意义上，约谈更像是一种警告措施。被约谈方需要自己先承诺整改方案，然后由主管部门提出要求和整改期限，有一定的约束力。如果被约谈者仍不执行，环保部门可以进一步采取区域限批和追究责任等方法，这些无疑加强了环保约谈的约束力。

表4-6　部分因环保问题被环保部约谈单位（2014—2016）

编号	被约谈对象	编号	被约谈对象
1	湖南省衡阳市	16	安徽省马鞍山市
2	贵州省六盘水市	17	河北省隆尧县
3	河南省安阳市	18	河北省任县
4	黑龙江省哈尔滨市	19	河南省郑州市
5	辽宁省沈阳市	20	河南省南阳市
6	云南省昆明市	21	广西壮族自治区百色市
7	吉林省长春市	22	甘肃省张掖市
8	河北省沧州市	23	甘肃省林业厅
9	山东省临沂市	24	甘肃祁连山国家级自然保护区管理局
10	河北省承德市	25	北京市北京城市排水集团有限责任公司
11	河南省驻马店市	26	山西省长治市
12	河北省保定市	27	安徽省安庆市
13	山西省吕梁市	28	山东省济宁市
14	四川省资阳市	29	河南省商丘市
15	江苏省无锡市	30	陕西省咸阳市

资料来源：根据新闻报道整理。①

---

① 《因环境问题被环保部约谈20个城市中，地级市占六成》，《京华时报》2015年10月7日，http：//epaper.jinghua.cn/html/2015-10/07/content_240791.htm；《市长们请看大数据，你会不会被环保部约谈？》，新华社，2015年10月6日，http：//news.xinhuanet.com/politics/2015-10/06/c_128292600.htm。这两份新闻报道的案例截至2015年10月。《环境保护部就大气污染防治问题约谈5市政府主要负责同志》，环保部2016年6月6日新闻：https：//www.mee.gov.cn/gkml/sthjbgw/qt/201604/t20160428_336861.htm。

表4-7　　　　　　　　　环保部约谈原因和次数

次数	约谈原因（《环境保护部约谈暂行办法》规定的具体情形）
16	（一）未落实国家环保法律、法规、政策、标准、规划，或未完成环保目标任务，行政区内发生或可能发生严重生态和环境问题的；
8	（二）区域或流域环境质量明显恶化，或存在严重环境污染隐患，威胁公众健康、生态环境安全或引起环境纠纷、群众反复集体上访的；
3	（三）行政区内存在公众反映强烈、影响社会稳定或屡查屡犯、严重环境违法行为长期未纠正的；
10	（四）未完成或难以完成污染物总量减排、大气、水、土壤污染防治和危险废物管理等目标任务的；
	（五）触犯生态保护红线，对生物多样性造成严重威胁和破坏的；
8	（六）行政区内建设项目环境违法问题突出的；
1	（七）行政区内干预、伪造监测数据问题突出的；
	（八）行政区内影响环境独立执法问题突出的；
	（九）行政区内发生或可能继续发生重特大突发环境事件，或者落实重特大突发环境事件相关处置整改要求不到位的；
	（十）核与辐射安全监管有关事项需要约谈的；
	（十一）其他需要环境保护部进行约谈的。

资料来源：环境保护部：《环境保护部约谈暂行办法》（2014）；《市长们请看大数据，你会不会被环保部约谈？》，新华社，2015年10月6日。

环评区域限批、约谈在执行中尚存在一些问题，一个是还缺乏明确指引，环保部在2008年就曾下发了《关于征求〈环境影响评价区域限批管理办法（试行）（征求意见稿）〉意见的函》，但在实际操作中，限批的污染源和时限等尚未规范。另一个尴尬问题是，中央在执行限批和约谈地方党政首长时，对雾霾这种污染源众多且有外部性扩散的空气问题，虽然能够抽查点名一些污染明显的企业，但对于整体情况的恶化，只能怪罪地方行政首长，要求改正，并无法精确确定该省市内部各主要污染的源头企业和污染构成比例等。这有可能导致地方政府为实现污染减排达标，采取"一刀切"的方式进行关停等措施，"误伤"一些排放合格的企业和产业。

第 五 章

压力与信息如何影响地方政府的环保政策执行

对于中国这样一个幅员辽阔、人口众多、行政层级分明的国家,探讨中央与地方关系如何影响地方环保政策的实际执行具有重要的意义。学界对此已经作出了大量研究,但仍存在着一些不足有待推进。比如,一些研究在讨论中国各项治理政策的执行成败时,将环保政策当作"铁板一块"来看待(周黎安,2014)。另一些研究在讨论环境治理中的上下级政府关系时,常常只选择较为单一的污染类型来进行论证(Kostka, 2016; Yan et al., 2016)。要推进这些研究,应当对不同的环境子政策的类型作出区分,并使用不同的污染类型进行论证。这里试图依据中央的命令强度和信息搜集能力大小等因素,在各类环境保护子政策上作出一种类型学上的区分,并使用多个污染类型和案例说明不同环保子政策的特征,会如何影响到地方环保部门在不同环境问题上的努力程度。相应的,从中央的角度看,如果可以理解地方政府选择性政策执行的缘由,便能够对症下药,强化政策执行,提升国家能力。

第一节 评价政策执行得失:大而化之还是细分领域

在已有的研究中,对中国地方环保执行的解释有几种思路。第一类研究是简要或总体式地描述目前中国环境保护体系中的上下级权责分配。这些研究侧重于整体式地描述中国环境治理体系中的中央与地方政府分工、职责权限、压力传导和组织激励等（Lo，2015；Wu & Wang，2007；Yu & Wang，2013）。第二类研究讨论环保领域政策执行中出现的运动式治理现象。这类研究从央地关系的角度关注为何会有运动式治理，常规和运动式治理中的上下级政府间关系是怎么样的，以及运动式治理的成败与持续性（Liu, Lo, Zhan, & Wang, 2015）。第三类研究具体考察环保监管的成败。其中一些研究将环保监管视为一个整体，如周黎安等认为，环保工作虽然随着时间在不断进步，但是，由于政府体系的职责、层级和目标设置等，作为一个整体的环保工作是不成功的（周黎安，2014）。另一些研究通过更细致的描述和个案分析发现，环保领域的央地关系存在着诸如缺乏控制（Kostka，2014，2016）、激励不当（Ran，2013）、绩效考核欠妥（Liang，2014；Liang & Langbein，2015）、执行偏差（冉冉，2013，2014）、地方造假（A. L. Wang，2013）和上下级部门间的讨价还价等问题（周雪光，2017；周雪光、练宏，2011）。

这些研究无疑对我们理解中国环保政策执行中的中央与地方关系有了很大的帮助，但还存在着几个缺陷和不足。

第一，周黎安等的研究中，在讨论中国的治理体系、官员激励时，提出行政发包制，对中国的各项政策作出了一种分类，其中将环保政策、食品安全等整体划在较为失败的领域（周黎安，2014；曹正汉、周杰，2013）。该理论固然有助于我们理解中国的治理体系，但是，其理论为了力求简练，对不同政策的划分难免较粗（周雪光，2014）。这种划分方式无法解释我们在现实中所观察到的一种现象，即环保领域某些子政策被地方执行得不佳，而另一些环保子政策却被执行得较好的情况。环境问题涉及空、天、水、土等众多领域，每一种领域都可能有自己的特点，有些领域中央的控制能力较弱，而另一些则可能中央的控制能力较强。这就会形成地方对环保不同子政策执行努力不一致的情况，因而需要在相关研究基础上做进一步分析。

第二，关于中国环境治理的实证研究已经有许多，但在讨论环保问题的政府间上下关系时，多数研究只选择大气污染、水污染、节能减排等某一种具体污染防治进行讨论，或者在讨论中宽泛地使用几种污染治理作为材料加以佐证作者的观点（Kostka，2016；Yan et al.，2016）。这些已有研究最常列举的环保治理工作内容是水污染、空气污染或者生态破坏中的一个或几个。如此则假定了一种或一些污染治理成败即可代表环保部门所有努力的成功与否。这涉及几个问题：其一，一种污染防治的代表性如何，是否能代表各类环保工作，其他的污染防治问题是否性质相近？其二，这些研究如果认为一两种环境污染治理就能代表环保部门工作的全部成效，那么就会潜在假设环保部门的注意力会无差别地均分在各项事务上。然而，这些假设都可能是有问题的，一个原因是环保涉及气、水、声、渣等污染物和生态保护等众多领域，各类型环保工作的技术特征不一。另一个原因是中央对不同的污染工作可能重视程度不一、管控手段不同，会引导地方环保部门的注意力集中在某些污染领域而更忽视另一些污染领域（Huang et al.，2010）。这些可能造成前述研究中所存在的问题，即选取的污染治理类型不能有效代表各类地方污染治理情况。要推进这些现有研究，需要将各类环境保护和污染等作出一种类型学上的区分，并使用更多的污染类型和案例说明各类环保子政策在特征上的不同，会如何影响到地方环保部门在不同环境问题上的努力程度。

针对这些问题，本书认为，在地方环保政策执行中，应当将不同的环保子政策分开进行讨论。欧博文和李连江的研究发现，基层政府官员有选择地执行一些上级易于进行绩效考核而地方农民不乐意的政策。他们对此提出了"选择性政策执行"这一分析概念（O'Brien & Li，1999）。在压力型政府体制的背景之下，选择性政策执行的类似概念在不少研究中都有提及，例如不同层级政府在各类工作问题上的"注意力分配"和"策略主义"行为（欧阳静，2011；练宏，2016），以及在社区层级的"选择性应对"（杨爱平、余雁鸿，2012）。这些研究都极具启发意义，我们也试图借用选择性政策执行这一概念来建构解释框架。然而，与欧博文和李连江等分析不同的是：他们的研究对象是基层或政府官员，面对的是多种类型的政策如税收、计生、经济发展等，本书则专门讨论地方的环保部门。相应的，李连江等是将选择性政策执行置于中国整个政府体制的政府层级、激励设置和官员考核的背景下讨论的；而我们在借用选择性政策执行时，则试图将这一概念限定运用在环境保护领域，更为突出环保领域的专门技术特征。

因此，本书提出更进一步的研究问题是，地方在环保各项政策的执行中的努力程度是一致的吗？有没有差别？如果有，中央和地方关系中的哪些因素决定了这种差别？回答这些问题，有助于我们将中国的环保治理体系更好地放置在中国普遍的治理体系中加以理解其背后的政治运行逻辑。本书试图结合中国的压力型政府体制和委托—代理机制中的命令与控制机制等理论进行解释。

第二节　解释框架：命令与信息强度的组合

经典的委托—代理机制讨论了委托人如何给予代理人激励和控制，以及代理人在不同的任务中如何策略式地依据所受到的激励和控制的强弱，选择性地执行任务。在环保领域中，中央和地方政府的角色和偏好时常是不一致的。中央更多考虑全局性的环境保护状况，希望从严进行环境治理，而一些地方政府受经济发展和就业需要影响，可能倾向于适度放松环保监管的要求。从组织的角度看，要加强上级对下级的控制，需要从激励和监督两方面下手。在激励方面，中国有着党管干部和下管一级的特征，并在许多政策领域广泛采用了目标责任制和量化考核等行政手段，由此形成一种压力型的体制，环保领域也类似。由于上级的注意力有限，难以对繁多的政策事务都赋予高强度的激励措施，只有那些受重视的和适于采用数目字考核的事务，才会被赋予诸如"一票否决"、目标责任状、网格化管理等的强激励措施。

但是，仅有强压力、强激励机制仍不能确保下级的绝对遵从，因为还存在着信息扭曲的问题。由于地方政府更为"在地化"，对许多地方信息的产生、传递更有优势，这种上下级之间信息不对称的问题使得下级可以通过信息优势来策略式地应付上级，导致激励的走样（钟兴菊，2017）。要压缩地方在信息传递中的隐匿、瞒报空间，就需要建立起一套有效的信息反馈和监督机制，才能减少下级的不遵从行为。政府部门传统的统计报表、文档等便有一部分这种功能，但过去对地方进行信息操纵的抑制能力较为有限。随着近年来通信技术的发展和制图术、地理信息系统（GIS）、遥感测绘、物联网和在线监控等技术的出现和进步，中央对地方的信息搜集能力逐步增强，压缩了地方的信息优势（孙雨、邓燕华，2019；杜月，2017）。从国家能力的角度看，中央的信息能力提高，强化了对地方进行监督控制的能力，能够帮助中央更好地"治官"。然而，环保政策执行涉及广袤国土里的水、气、声、渣等众多领域和污染物类型，治理规模巨大而技术和人员有限，因而每种领域的中央信息获取能力高低不一。有一些环境子政策的信息容易精确搜集，而另一些则可能不够精确或易于被地方扭曲、隐匿（Xiao & Womack，2014）。在此情况下，即便一项环保子政策有强压力、强激励，但如果中央没有精确的信息搜集能力，地方便有可能依据不同环境子政策的信息特征进行选择性政策执行。

那么哪些是地方优先重视的环保子政策，哪些是比较不重要的呢？依据前述分析，我们可以从两个维度对地方各类环保子政策进行划分。

第一个维度是自上而下的命令强度。它主要考察中央政府是否对一项具体的污染破坏问题采取一票否决、目标责任制、责任包干和绩效考核等类似方法给予地方以激励、命令和压力。对不同的命令方式，我们试图作出一个大致的强弱程度区分（见图5-1）。

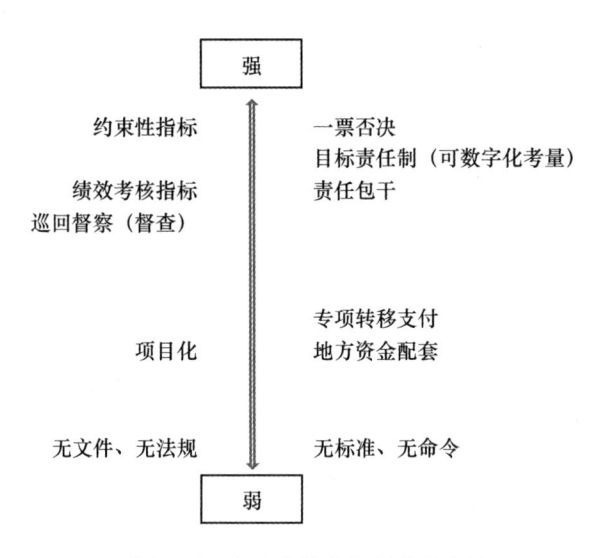

	强	
约束性指标		一票否决
		目标责任制（可数字化考量）
绩效考核指标		责任包干
巡回督察（督查）		
		专项转移支付
项目化		地方资金配套
无文件、无法规		无标准、无命令
	弱	

图 5-1　中央向地方命令强弱示意

资料来源：笔者自行评估。

第二个维度是中央的信息搜集能力。它考察中央是否可以通过某些方法或技术来精确知悉地方的环境污染和生态破坏程度，并能准确将这些环保责任追究到具体单位上。根据所了解的情况,我们将中央对不同类型的污染物信息搜集能力进行一个难易程度的区分(见图5-2)。

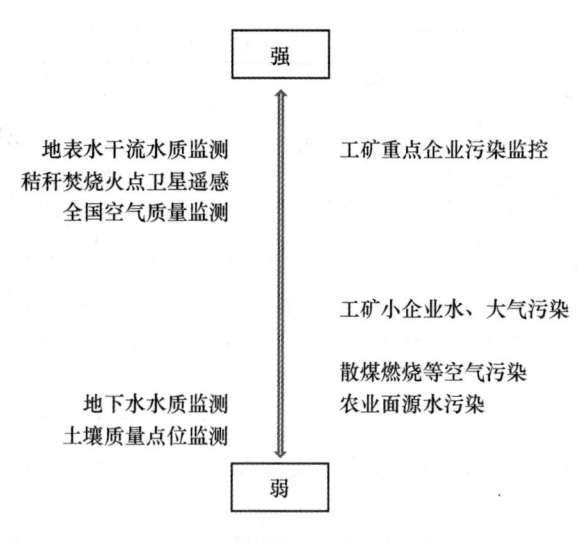

```
                            ┌───┐
                            │ 强 │
                            └───┘
                              ↑
    地表水干流水质监测         │   工矿重点企业污染监控
    秸秆焚烧火点卫星遥感       │
    全国空气质量监测           │
                              │
                              │   工矿小企业水、大气污染
                              │
                              │   散煤燃烧等空气污染
    地下水水质监测             │   农业面源水污染
    土壤质量点位监测           │
                              ↓
                            ┌───┐
                            │ 弱 │
                            └───┘
```

图5-2 中央信息搜集能力强弱示意

资料来源:笔者依据不同污染类型自行评估。

这里的高低程度区分并不十分精确,不同类别间的比较也有难度,但仍可以提供一个粗略的描述。根据这两个维度的高低搭配,可以将地方环保的不同子政策分为命令强、信息强的强力贯彻领域,命令强、信息弱的视条件执行领域,命令弱、信息强的视条件项目类执行领域,命令弱、信息弱的消极执行领域。

那些中央采用了目标责任制等高压力和激励方式的政策领域往往成为地方优先重视的领域。但在采取了高压力的政策领域中,一些领域可能由于中央难以搜集准确信息或难以量化,使得考核成为空话、形式或者象征。而在另一些领域,由于上级易于搜集准确信息进行量化和评比,成为地方实际看重的政策领域。地方政府依此策略式地优先重视那些有相应目标责任制规定并能够量化考核的政策任务,而对有目标责任制规定任务但难以量化考核政策领域,则采取漠视或形式化的执行方式。而对于中央没有采取高压力的另一些政策领域,有些易于取得量化成绩的,地方可能根据本地区情况执行,起到一定的环保政绩加分作用。对于既没有目标责任制又没有量化考核机制的政策领域，地方政府则会在政策执行中相对漠视。

		信息搜集	
		强	弱
压力传导	强	1 中央：有命令，有信息管控 地方：贯彻执行 （节能减排中的拉闸限电）	3 中央：有命令，信息管控不完全 地方：视条件执行 （工矿企业大气和水污染、气候变化）
	弱	2 中央：弱命令，但鼓励，有信息 地方：视条件项目类执行 （生活污水集中处理、水源地保护）	4 中央：弱命令，少信息管控 地方：漠视或消极执行 （农业面源水污染、土壤污染、地下水污染）

图 5-3　不同环保子政策的压力传导——信息搜集类型区分

第三节　案例分析

在提出了有关地方政府如何策略式地选择性执行环保政策的分析框架后，本书选取一些节能减排、污染防治和生态治理的环保节能相关政策来展示该框架的解释效度。在经验材料上，本章的研究主要依赖文件资料和作者对全国不同层级环保相关人员的访谈。在 2014—2017 年间，作者分别前往环保部、福建省 SY 区、重庆市 S 区、江苏省 D 市、江西省 X 县和湖南省 SD 县，对环保工作人员和基层公务员近 30 人进行了访谈。本书虽然只选取了部分地区作为样本，在讨论中也未能全面包括环保领域的所有子政策，但通过建立分析框架和运用具体个案进行解释，仍然能在一定程度上增进我们对地方环保治理逻辑的理解。

一　强命令、强信息：拉闸限电现象

从"十一五"规划收官阶段的 2010 年 7 月开始，媒体报道了不少地方政府在电力负荷正常的情况下，故意分时段或分企业类型进行拉闸限

电的现象。① 从命令和信息控制两个维度，我们试图解释这种行为的逻辑。

从命令的维度看，节能减排的强硬任务指标将各级政府都纳入了考核范围内。在"十一五"规划（2006—2010）中，国家明确要求了节能减排目标，其中重要的指标是单位 GDP 能耗等，要求在五年内单位 GDP 能耗要下降 20%。依据 2007 年国务院发布的《单位 GDP 能耗统计指标、监测、考核体系实施方案》和《主要污染物总量减排统计指标、监测、考核办法》等文件，单位 GDP 能耗减少是一个"约束性指标"。文件明确指出，将约束性考核指标作为各省、自治区、直辖市人民政府领导班子和领导干部晋升、考核评价的重要依据，"实行问责制和一票否决制"②。这些意味着达标与否将直接与官员和国有企业负责人的绩效考核挂钩，因此是强命令约束。在中央与各省明确责任、考核评价方法后，地方政府同样分解责任，将节能减排的指标层层分解到基层和相关的企业。由此，从中央到各基层，每一层级都被嵌入明确的约束性责任命令中。一旦被纳入约束性指标，意味着该项工作在各类政府工作中的优先性。例如，2010 年，浙江省省长在节能减排工作电视电话会议上强调："GDP 增长 8% 还是 10%，这只是预期性指标，但单位 GDP 能耗下降 20% 的目标是约束性指标，必须完成。"（陈中小路，2010）

从信息的维度看，用电量在各项节能减排数据中是最难以由地方操纵的。节能减排目标实际上有多个考核指标，不同的考核指标在实现难度上差异颇大。例如，依据《单位 GDP 能耗考核体系实施方案》，100 分的考核体系中，单位 GDP 能耗统计相关的指标近 50 分比重。其他 50 分主要是关于开会下达、分解目标、列入工作计划、开展技术示范、出台法规、完善执法队伍等，各地方通过日常的行政工作和文件汇报等均可

---

① 陈中小路：《节能减排倒计时——"上半年不管你，下半年管死你"》，《南方周末》2010 年 9 月 22 日；高云才：《节能减排不能靠拉闸限电》，《人民日报》2010 年 9 月 27 日。

② 《国务院批转节能减排统计监测及考核实施方案和办法的通知》（2007），该文件含《单位 GDP 能耗统计指标体系实施方案》、《单位 GDP 能耗监测体系实施方案》、《单位 GDP 能耗考核体系实施方案》（"三个方案"）和《主要污染物总量减排统计办法》、《主要污染物总量减排监测办法》、《主要污染物总量减排考核办法》（"三个办法"），参见中国政府网：http://www.gov.cn/zwgk/2007-11/23/content_813617.htm。

以较为有效地完成。但是，单位 GDP 能耗统计，尤其是其中的用电量是地方无法通过文件汇报完成的工作。单位 GDP 能耗统计包括地方居民和企业消费使用的煤炭、汽油、柴油、天然气、电力等能源指标。相比其他指标，电力是一种几乎无法作假的指标，因为国内主要的电厂和电网均已安装联网的发电、用电数据监测系统，中央可以直接调阅（竺乾威，2012）。依照《单位 GDP 能耗统计指标体系实施方案》，"电力的省际间输配数量，由中国电力企业联合会提供"，省以下各地方的用电量也能够通过电网数据了解。而其他煤、石油等能源消耗虽然有省际间流入与流出统计，但在各省以下各地方的实际使用量上，难以做到完全精确。

约束性考核目标的运用和用电量数据的透明，使得地方难以有其他选择方案，所以会采取拉闸限电的方法。此举虽生硬，却能短期内直接减少用电量，所以不少地方直接或间接地采取了这一方式（袁凯华、李后建，2015）。在福建的访谈中，一位受访官员承认该地也在考核最后阶段对部分工业用电大户采取了限时供电的方式，但认为这种行为实乃无奈之举（访谈编号 1507FJSY1）。

二 强命令、弱信息：大气污染的治理

近年来，最受公众关注的污染问题无疑是雾霾治理。华北等地曾经严重的雾霾问题表明，大气污染物的实际排放量远超理论上允许的污染物排放总量。为了治理雾霾，中央政府采取了城市排名、约谈、区域限批、专项督察、签订责任状等不少形式，在命令维度可谓给予了高度重视，北京等地官员甚至承诺如果治理不好，"提头来见"[①]。但从治理效果来讲，虽总体效果明显，但在局部区域和时期，污染严重的情况仍然存在。从本书的分析角度看，中央对地方虽然有较强命令，但在信息反馈上仍存在着诸多问题，中央对地方代理人的控制存在一定的失效问题。

既有的不少研究已经指出，地方官员晋升激励带来的恶性竞争、地方经济就业与发展需要，以及政企合谋等现象导致了地方政府对部分高污染企业持宽容态度。地区之间为了竞争一些企业项目的落地，不仅在土地供应、证照办理和税收优惠上提供便利，有时还竞相放宽环保监管

[①] 李静：《中国霾改变执政生态》，《瞭望东方周刊》2014 年第 11 期。

要求。地方环保局官员曾直言，过去在招商引资过程中，为确保项目落地，即便污染较大，环保部门也会努力帮助通过环境影响评价。对企业后续经营，环保部门如果过于严格监管，就会有影响经商环境和吓跑投资者的嫌疑（访谈编号 1507FJSY1、1711HNSD2）。在当时块块为主的环保体制下，地方政府自然要求环保部门睁一只眼闭一只眼。

对地方政府这种有意宽松的行为，中央过去也缺乏在信息维度上明辨具体污染源的查证能力。事实上，地方环保部门自己也缺乏这种能力。在访谈中央和地方环保官员时，他们普遍知晓地方企业在环保治理中不时有弄虚作假的问题，但认为要全面遏止目前还难以实现。这有几个原因。

第一，地方环保执法力量不足。2013 年，全国各级环保人员一共约为 21 万人，而全国有 240 万个工业企业，从业人员 1.4 亿人。[①] 意味着每 1 位环保政府职员对应 12 个工业企业和 660 名工业雇员。在现实的环保系统中，环保人员内部还有更细致的分工，有些负责日常办公、生态监察、总量控制、各类污染治理等。真正能够日常对工业企业，尤其是小企业进行大气污染检查的人员数量不足。此外，各地之间的环保工作人员还存在数量不均的问题，编制缺额的地方环保局在工作中只能疲于应付。

第二，抓大放小普遍存在。在大气污染源里，除了工业企业污染，还有车辆排放、餐饮油烟、建筑扬尘等更加分散的一、二污染物，环保工作人员对所有污染源一一检查难以实现，往往只能采取抓大放小、随机抽查和根据举报进行检查的方式。例如，环保部自身只负责大型火电厂等大型企业的排污监控，而地方受限于资金，通常只能对达到一定规模的工业企业建立在线监测设备，对数量庞大、布点分散的"散、乱、污"小企业则无法全面实时在线监测。

第三，企业恶意偷排、造假不绝，执法取证难。环保部官员在受访时表示，"一直都在说守法成本高，违法成本低，这是环保的老问题"（访谈编号 1507BJ1）。对一些小规模、高污染的企业，治污是笔不少的开

---

① 环境保护部：《2013 年环境统计年报》。《中国经济普查年鉴 2013》，中国统计出版社 2015 年版。

销，企业的逐利动机决定了它们存在着寻找政策监管漏洞的动机。对于已经安装实时监控设备的企业污染数据，企业还可能破坏采样管路、开挖排污暗管、人为稀释样品、篡改仪器参数等改变排污监测数据。① 不少企业选择在夜晚时间超标偷排，不易觉察。② 环保部门如果在夜间接到有异味的举报时，精确查找污染源就存在很大困难（访谈编号1507FJSY1）。

第四，地方政府应对中央的策略行为。近年来，随着一系列举措的执行，地方政府受到的来自上级环保考核压力不断增强。地方政府有时为了空气质量排名等，也会采取一些策略行为应对中央。例如，在空气污染数据搜集上，有些地方会刻意派出雾炮车在空气采集点附近转悠，甚至有地方环保官员曾用棉花堵塞国控监测点空气采样器。③ 地方为了经济和就业的需要，对应该清理关闭的企业有时不愿动真格。环保部官员也在受访中谈到过往的地方行为：

> 关闭企业最后还得是地方政府去弄，但是那个钢厂整个的就业什么的，你关不了的时候，真是关不了，不是说环保法说关就可以关，咱很多法说了，从来没用过。（访谈编号1507BJ1）

应对企业造假和地方政府的策略行为，这位环保部官员认为空气污染减排最核心的是"减排、监测、考核三大体系"。从他的观点看，减排的工作能否成功，不仅需要提出减排目标、应用高效的减排技术，还需要通过更好地搜集污染和减排信息来帮助进行考核。再强的命令，只有配以足够的信息搜集，实现"谁考核、谁监测"，才能对地方的环保工作起到有效的督促作用。

---

① 李彪：《多省严打环境监测数据造假背后：企业花百元造假可省投入几十万》，http://www.nbd.com.cn/articles/2016-06-20/1014193.html；山东省环保厅：《在线监测数据造假案例》，http://www.sdein.gov.cn/dtxx/hbyw/201606/t20160616_296252.html；曾咏发：《福建10家自动监控造假企业被督办》，《中国环境报》2016年6月15日。
② 张璐瑶：《亚运城臭气找到源头了》，《羊城晚报》2016年8月30日。
③ 环境保护部：《关于西安环境质量监测数据造假案有关情况的通报》，http://www.mee.gov.cn/gkml/hbb/bgth/201707/t20170717_417943.htm。李玲、饶丽冬、秦宇杰：《治霾神器为何围着空气监测点转》，《南方都市报》2016年12月8日。

三 弱命令、弱信息：土壤治理情况的落后与发展

环保子政策领域的土壤污染、农业面源污染和地下水污染具有弱命令、弱信息的特征。大致而言，国家对这几个环保领域的重视程度不如其他领域。同时，这几种污染存在点面结合的特点，如果要精确搜集污染信息，需要建设数量很大的信息搜集装置，存在着较大困难。这里以土壤污染为例进行分析。

中国目前对土壤污染的了解和治理手段都远落后于水污染和大气污染，有几个表现。

首先，就土壤污染的数据掌握情况，中国较晚才有了对全国的土壤普查。2005年4月至2013年12月，环境保护部会同国土资源部开展了首次全国土壤污染状况调查。这场耗时8年、实际调查面积约630万平方千米的调查发现，从点位监测看，全国土壤总的超标率达到16.1%。[①] 其中，耕地污染潜在威胁着食品安全，而在工业废弃地等"棕地"上进行的商业区或住宅开发则会留有巨大的安全隐患。

其次，对土壤污染远不如对水污染和空气污染重视，较晚才设置专门机构。环保部在2016年3月撤销污染防治司和污染物排放总量控制司并改设水、大气和土壤三个环境管理司。在此之前，原污染防治司下设的七个处即综合处、饮用水处、大气处、流域处、海洋处、固体处、化学品处中，只有固体处是专门负责土壤污染。根据对各污染领域文件的内容分析，作为国家环境保护主管部门的环境保护部过去较为重视大气和水污染，对土壤污染重视较晚（Huang et al., 2010）。公众同样对土壤污染的认识也较为有限，这一方面与土壤污染的分散和隐蔽有关，另一方面是因为土壤污染造成的健康问题难以直接确认与污染的关系。

再次，在立法和政府的法规、标准和举措方面，对土壤污染的治理也较落后。相比大气污染、水污染、固体废物污染等专门法，《土壤污染防治法》至2018年8月才由全国人大通过。在行政举措上，2016年5月28日，《土壤污染防治行动计划》终于出台，相比2013年9月国务院通

---

① 环境保护部与国土资源部：《全国土壤污染状况调查公报》，http://www.gov.cn/foot/2014-04/17/content_2661768.htm。

过的《大气污染防治行动计划》和2015年4月通过的《水污染防治行动计划》也较晚。在土壤标准上，由于立法滞后，也缺乏土壤污染和治理的标准体系。目前除固体废弃物相关标准外，仅有农业领域的相关标准，专门的土壤标准正在陆续出台。

最后，污染信息监控任务繁重。有效防治各类污染首先要掌握该类污染的状况，但土壤污染的信息搜集尤为困难。在耗费8年进行首次全国土壤污染状况调查后，中央准备建立土壤质量监测系统。由于土壤污染呈点和面状分布且不会移动，为监测土壤情况所要设置的监测点数量巨大。中央规划了由20000个一般点位和15000个风险点位组成的国家土壤环境质量监测系统。这一数量比主要河流干流规划的国控断面监测点2700多个和338个地级市的1400余个城市空气监测站要大许多。维护如此多的土壤环境监测点位耗费巨大，而它们的精度如何，实际覆盖区域多少，还需要一段时间才能评价。

在这种中央既缺乏严格的法规、标准和行政命令、也尚未建立起有效的信息搜集机制的情况下，地方对土壤污染的重视程度也普遍不足。地方官员主要关注的仍是固体废物的处置，即生活垃圾、养殖业粪便、建筑垃圾和工业固体废物等的处理，对其他的土壤污染类型较为漠视（访谈编号1507FJSY1、1406JXXF2）。目前生态环境部已成立专门的土壤环境管理司，相关的立法和标准起草工作也正在进行中，在可想见的未来对土壤污染的重视会逐渐增强。

四 弱命令、强信息：项目类执行

在实际的环保工作中，符合弱命令、强信息特征的，主要是项目类的治污和生态保护项目，即官员们认为的"上项目"领域，如专项的污染处理设施、三北防护林、各类规模较小的自然保护区、水源地保护等。在这类环保子政策中，由于具体的项目建设在数量和地域上不大，这些工作不会向全国下达无差别的考核压力指标，所以命令方式显得相对"弱"，但上级政府能够通过检查设施运转情况、取样和航拍等方式掌握充分信息。这里以城市生活污水处理为例，探讨这类环保工作的逻辑。

目前，在中国地级市中，城市中心区域的大部分生活污水的集中处理率在逐渐上升，各省在 2013 年前后平均处理率在 80%—90% 之间。①但各地在污水处理设施的分布方面是高度不均的：以处理设施的绝对数字计算，广东最多，然后是江苏、山东等；从技术和处理方法上讲，各地采取的方法差异也颇为巨大（Zhang et al., 2016）。但是，对于小城镇、乡镇地带的生活污水，下水道管网接入进行集中处理还较为有限，许多是直接排入地表河流中。

在访谈中，地方官员认为，地方政府有意愿多上污水集中处理项目。虽然中央和上级政府规定的污水集中处理的比例和具体技术不算十分强硬，但对地方而言，多进行污水处理，有助于减少河流污染，能够帮助实现河流断面监测达标，因而有意愿做好此事（访谈编号 1507FJSY1）。对生活污水处理的关键是需要进行下水道管网改造，建设专门的污水处理厂，并持续运转污水处理设施。其中，城市污水处理等日常费用通常由地方通过财政资金和排污费进行支付，而下水道管网改造和污水处理厂建设等一次性项目投入则根据各地财政资金的宽裕程度有很大差异。一些地方的财政支出依赖上级的转移支付，这些地方的环保局在财政资金上也往往不宽裕，自行筹集污水处理建设项目经费的能力有限，需要通过本级政府筹资并向上级争取项目化的专项转移支付资金弥补差额。而上级的转移支付通常需要地方层面进行配套（如 1∶1 的比例）。对地方环保局而言，要向上级争取环保专项，不仅要反复与上级沟通，说明该建设项目的重要性，还需要获得地方主政官员同意从本地财政资金中划拨一部分资金专门配套。在各地财力不同、污染情况相异、长官重视不一的情况下，出现了各地处理设施数目和处理效果不同的现象。如环保部受访官员所述，"现在总体来说还是说有钱的地方、经济发展的地方它推进得比较好"（访谈编号 1507BJ1）。

五 命令和信息强度的变迁：禁烧秸秆工作的演变

命令和信息搜集的强度是相对而言的。因应着国家的重视程度变化和新技术方法的采用，它们的强度是可以提升的。例如，禁烧秸秆是减少大气污染的一个举措，该项政策的执行经过了显著的变迁过程，使得

---

① 国家统计局：《中国城市统计年鉴2014》，中国统计出版社2015年版。

执行效果相比以往大为提升。这里以作者在江苏省 D 市和重庆市 S 区的访谈为例，说明禁烧秸秆工作的演变过程。

第一阶段：强化命令。秸秆过去主要用于还田、饲料和生火等。20 世纪 90 年代以来，伴随着经济发展，秸秆作为日常燃料的价值急剧下降，许多秸秆在收获后被一烧了之。大量秸秆集中在短时焚烧导致了空气污染的急剧上升，存在着引发山林火灾、影响地面道路能见度和飞行起降安全的问题。1999 年，国家环保总局联合数个相关部门发布了《秸秆禁烧和综合利用管理办法》。① 这一文件虽然明确要求"秸秆禁烧与综合利用工作应纳入地方各级环保、农业目标责任制，严格检查、考核"（第七条），但是实际执行效果却极为有限。究其原因，一是这份管理办法是由当时的国家环境保护总局会同农业部等部门联合发布，而环保总局的行政级别虽为正部级却不是国务院组成部门，部门间合作不易。二是文件中只规定机场、交通、文物等附近地区禁烧。三是对私烧现象处罚微不足道。四是采取禁烧这一"堵"法之外，在"疏"这一方面的鼓励比较宽泛，缺乏具体指导和激励。

地方政府平日有多重任务，其中许多事务有被考核的硬性要求。在禁烧问题上，虽在环保总局的文件中要求纳入考核，但在地方实施中大多缺乏硬性要求，也无可供上级监控地方、判定责任的方法。加之基层人员往往与农民或亲或故，不愿因为秸秆问题影响他人生计，因此，对禁烧问题多为宣传教育，对偷烧现象并没有采取强制性措施（田雄、郑家昊，2016）。在向上汇报成效时，上级事实上难以掌握实际的具体情形，缺乏管控能力。

第二阶段：强化信息监控。禁烧政策随着时间逐渐严格起来。2005 年，经修订的《固体废物污染环境防治法》开始实施，其中规定"禁止在人口集中地区、机场周围、交通干线附近以及当地人民政府划定的区域露天焚烧秸秆"。此举从立法角度进一步加强了上级对下级政府的命令强度。2008 年前后，因应着国家和公众对空气质量的关注，上级政府开始从监测信息方面想方法用以监控地方禁烧情况。自从卫星监测和航拍

---

① 国家环境保护总局、农业部、财政部、铁道部、交通部、中国民用航空总局：《关于发布〈秸秆禁烧和综合利用管理办法〉的通知》（1999）。

技术被用来判定和追究地方责任,地方对禁烧人员和资源投入大大增加,禁烧秸秆取得一定的成功。

表 5-1　　2016 年 10 月环境卫星监测秸秆焚烧火点汇总

排序	省份	火点数(个)	火点强度(个/千公顷耕地面积)	2015 年同期火点数	与 2015 年同期相比
1	黑龙江	702	0.0600	577	125
2	内蒙古	100	0.0177	73	27
3	吉林	73	0.0146	308	-235
4	辽宁	58	0.0179	274	-216
5	山西	54	0.0164	55	-1

注：只列出火点较多的 5 个省作为示例。

资料来源：生态环境部卫星环境应用中心 http://www.secmep.cn/ygyy/dqhjjc/。

表 5-2　　2016 年 10 月环境卫星监测秸秆焚烧火点信息

序号	时间	中心经度	中心纬度	省	市	县
1	2016-10-1	122.449	40.558	辽宁	营口市	大石桥市
2	2016-10-1	115.953	36.789	山东	聊城市	临清市

注：2016 年 10 月各省总火点 1095 个,只列出 2 个作为示例。

资料来源：生态环境部卫星环境应用中心 http://www.secmep.cn/ygyy/dqhjjc/。

卫星和航拍监控方法通过对大面积农田火点进行热点的遥感监测,准确定位并标记出较大规模成片火点的经纬度。自 2009 年起,每年夏秋两季,环境保护部都会对全国秸秆焚烧情况进行每日遥感监测,并通过环境保护部网站向全社会公布监测结果。其中公布的信息越来越详细,到 2014 年 9 月开始发布日报和月报,明确标注大面积火点的经度、纬度、数目和所在行政区划。① 该技术方法使中央能够直接获取地方的火点信息,极大地限制了地方的信息瞒报可能,从而向地方施加监管压力,通过层层考核机制向地方问责。地方也因此逐级签订责任书,向基层工作

---

① 参见环保部网站：http://www.mep.gov.cn/home/ztbd/rdzl/wxyg/ygyy/201210/t20121010_237314.shtml。

人员和各村布置包片范围，明确责任和惩罚措施等。

江苏省 D 市自 2008 年开始接受上级的卫星遥感监测秸秆焚烧火点。2015 年 9 月，该市开会下达命令，明确分包责任，提出"田块到人，责任到人"。该市对各镇、区、场工作任务分别按 10 万元、3 万元、2 万元标准收取保证金。凡是被卫星遥感和上级督查通报的，对相关责任人问责，并一次性全额扣发保证金。为加强巡查，该市组织了村、镇区和部门三层监管防线，组织镇区机关干部驻村督查，并成立巡回检查队伍，党政主要负责人和分管负责人每天轮流带班上路巡查。重庆 S 区和江苏 D 市被访谈的几位基层镇政府工作人员，在平常的工作中均属党政工作的秘书，几乎不会参与环境相关事务，但到收获后季节，都要承包镇里所划分的片区。他们不分白天黑夜，轮流驻守在田间地头。事实上，卫星监控无法侦测到小的火点，航拍机虽然可以，但也只能随机侦察，因此地方干部的主要工作不是彻底避免私烧现象，而是在发现个别火点后，及时扑灭或设置隔离带，防止蔓延（访谈编号 1507CQSP1、1507JSDT1）。

只堵不疏的方法容易导致农民反对和私自偷烧，因此禁烧工作的强化，也倒逼基层政府想办法补贴农民进行秸秆还田、促进秸秆利用等工作。在进行访谈的重庆和江苏基层乡镇，两地都采取了直接请农机进行秸秆还田工作和补贴运走相结合的方式。对基层干部而言，他们看着地里的秸秆运走或者还田完成，才可以放心该片区域的秸秆禁烧工作。

伴随着卫星监控等方法的运用，中央对地方禁烧工作执行不力的追责也越来越严格。各省内部也采取了不同的措施，例如河南省政府对每个着火点处以省财政扣减相关县财力 50 万元的处罚规定。在 2015 年 9—10 月，河南省政府对秸秆禁烧工作不力的太康县等县市进行了环保约谈。①

如今每年到了收成时候，地方常会出现运动式治理的禁烧秸秆工作。这一工作年复一年地进行，已经形成了常规化的趋势，不少地区设置了专门的"禁烧办"。虽然个别的私烧、抛洒河道现象难以禁绝，但大规模成片的秸秆焚烧现象相比过去得到了有效遏制，禁烧工作取得了明显的

---

① 刘硕、宋晓东、崔静、乌梦达、王井怀：《全国多地连日雾霾严重，秸秆焚烧是否为祸首》，新华网 http://news.xinhuanet.com/politics/2015-10/20/c_1116884784.htm。

成效。这种原先诉诸运动式治理措施，而如今能被常规化的一大重要原因在于中央和上级对下级有足够的信息监控能力，只要继续执行责任包干式的命令方式，这一运动式治理常规化的趋势还将继续下去。

第四节　压力传导与技术治理：中央环保政策的改革逻辑

在中国的情境下，对政策执行的研究本身离不开对国家体制的讨论。具体到环保领域，又与环保治理本身的复杂技术特征有很大关系。在"压力型体制"下，那些被给予目标责任制、一票否决制等评估方式且能被量化考核的工作往往成为地方工作的优先领域。通过法律法规的制定、考核指标的建立、目标责任制的使用，甚至通过短时限的工作检查和巡回督察等，可以使环保相关的命令强度得以提升。近年来可以观察到大气污染和水污染等许多领域的命令强度有所增强。

中央命令强度的提高并不必然带来污染治理和生态保护的改善，它还需要自下而上的信息搜集和监控工作用以评定、考核和问责地方。环保各个子领域在信息搜集监控上，高度依赖于该种污染本身的特质和现有的科学技术。例如，节能减排中的用电消耗和主要河流干流污染程度的监测，本身具有高度的"管网"特征。中央在管网关键节点进行监测，就能够精确搜集信息并问责地方。从分布范围和形式来看，涉及地域范围较小的专项治理一般能够通过上级工作检查掌握基本情况，而具有高度"点面"特征的那些范围广大、分布点散或具有面源污染特征的大气污染、地下水污染、土壤污染等在信息搜集上存在很大的难度，中央对地方上的污染情况存有信息不对称。中央要应对这种信息上的弱势，一种方法是可以从既有的行政手段出发，自上而下采用运动式治理的工作检查、巡回督察等给予地方以压力。但这一方法动员规模巨大，难以持续进行。另一种方法也可以自下而上，通过上收或自行建立信息监测网，强化某些环保领域的信息搜集工作。例如，通过环境卫星监测秸秆禁烧和生态保护情况，通过建立水环境、土壤环境污染监测装置的物联网在线实时搜集污染信息。虽然通过新技术手段的运用，能够部分增强对地方污染情况和企业排放的信息搜集工作，但对那些尚未运用在线监测技术的污染类型和"散、乱、污"的小企业排污等,仍然只能通过强化行政手段加以问责。

为了应对地方政府的选择性政策执行,中央政府在近年来从命令和信息两个维度采取了一系列新的举措。目前已经制定、修订了一批环保相关法律、法规和文件,明确提出了加强省以下环境监测、监察、执法的垂直管理体系改革,逐渐将"块块"管理转向"条条"管理。在命令维度上,日益淡化GDP考核,逐步强化垂直管理,对各地进行环保督察,实行区域限批和对污染严重的地方领导人进行环保约谈。在信息维度上,采取了上收监测事权,交由第三方进行监测,筛查地方造假信息和采用卫星遥感等新技术手段来强化信息的搜集和归责,压缩地方的信息隐匿空间(Gao, 2016)。这些措施改变了环保治理中的中央与地方关系,在命令和信息两个维度上强化了国家政策的执行,有力加强了在环保领域的国家能力建设(Edin, 2003; S. Wang, 2003)。

第五节 小结

总结来看,在中国这样一个多层级的大国里,环保事务的治理模式不仅受经济发展影响,也是中央地方关系不断调适和国家能力建设的结果。本书使用两个维度划分不同的环保政策子领域。第一个维度是自上而下的命令强度。第二个维度是上级的信息搜集能力。根据这两个维度的高低搭配,我们将地方政府环保政策的不同子领域分为命令强、信息强的强力贯彻领域,命令强、信息弱的视条件执行领域,命令弱、信息强的项目类执行领域,命令弱、信息弱的消极执行领域。通过实地访谈和相关文件资料,本书分别用拉闸限电、土壤治理、城市生活污水处理、大气治理和禁烧秸秆等不同类型的环保子政策对提出的分析框架进行阐释。采用了目标责任制的政策领域往往成为地方优先重视的领域。但在目标责任制涉及的政策领域中,一些领域可能由于难以量化,使得考核成为空话、形式或者象征,而在另一些领域,由于易于量化和评比,成为地方实际看重的政策领域。地方政府依此策略式地根据不同政策领域特征有选择性地执行一些政策,而对其他领域较为漠视或采取形式化的执行方式。地方会优先重视那些有目标责任制任务并能够量化考核的政策任务，而对有目标责任制规定任务但难以量化考核政策领域视条件采取努力措施。对于没有采取目标责任制的政策领域，有些易于取得量化成绩的环保治理项目，地方可能根据本地区情况进行执行。对于既没有目标责任制又没有量化考核机制的政策领域，地方政府则会在政策执行中相对漠视之。

为了应对地方政府的选择性政策执行，中央政府在近年来也采取了一系列新的举措。从命令维度和信息维度上，采取了一系列强化垂直管理、提升技术治理的方式，以加强国家政策的执行。总结来看，在中国这样一个多层级、采取压力式治理的大国里，环保事务的治理模式不仅受经济发展影响，也是中央地方关系不断调适和技术治理不断发展的结果。

第六章

环保督察与地方环保部门的组织调适和扩权

近年来，中国持续加大生态环境保护力度。2015年7月1日，中央全面深化改革领导小组第十四次会议审议通过《环境保护督察方案（试行）》。随即而来，中央环保督察组对全国31个省（自治区、直辖市）环保治理工作进行了全覆盖巡查。通过此次环保督察，地方政府在经济发展与环境保护的权衡中，政策重心开始偏向了后者。各地环保相关部门也得以一改以往的弱势形象，普遍加强了环保执法的力度，新上马了一批环保设施，一些地方甚至不惜采取"一刀切"的方式关停污染企业。为何中央环保督察能取得明显效果？自上而下的环保督察对地方政府内部的权威关系和权力结构运转产生了哪些影响？应对环保督察，地方基层政府和环保部门如何进行组织调适？

回答这些问题，有助于我们更好地理解科层组织的运作逻辑和演化过程。以环保政策领域的督查作为研究对象，不仅是新鲜事物，相较于其他督查制度也有特殊之处。一是过去环保工作相比经济发展、计划生育等政策领域，受到的重视相对不足。通过此次全国范围内持续时间长、覆盖面积广、责任追究深的中央环保督察工作，环保工作已经跃升成为许多地方政府工作的一大重点，这种纵向压力明显的转变对环保相关部门所带来的组织调适和变动规模，明显高于其他政策类型督查所带来的变化。二是由于历史沿革原因，一些环保相关的职能散布在了地方环保局和发改、水利、海洋、农林、城建、交通、国土等众多部门，其"九龙治水"的特征超出许多其他政策领域，环保督察所带来的对横向部门间的协调压力要明显大于一般政策领域。环保督察的这些特征，为我们理解组织为何进行调适、如何进行调适及其调适结果提供了一个绝佳的观察对象。

2018年3月，原环境保护部吸收了多项散落在其他部门的环境保护职责，成立了新的生态环境部。这一统领全国环保工作的政府部门发生的组织变迁，为本书研究地方政府组织调适与变迁提供了一种政策上和现实中的印证。我们将通过对H省S县迎接环保督察工作的案例分析来论述本书的研究发现。2017年，我们对S县进行了实地调研，与十余位环保工作相关官员进行了访谈，并在之后进行了两次回访。在调研期间，恰逢H省对S县进行省级环保督察工作，我们得以近距离观察到S县环保局紧张的迎检工作，为本书的写作增添了鲜活的案例。

第一节 组织调适与环保督察：研究回顾与分析框架

科层组织结构是国家治理的核心载体，为国家治理提供了稳定的组织基础（周雪光，2017）。各类政策的执行，包括环境保护在内，主要通过科层制的组织系统来实施。但是，如许多研究指出的，中国常规的政府体系存在着科层化、规则化和部门化的运作特征，在应对一些棘手问题或新问题时可能出现僵化和低效的问题。应对这些问题，中国的国家治理体系不时诉诸"运动型治理"，打断科层体制的常规运作机制，代之以自上而下的政治动员方式，调动各方资源和注意力来完成某些特定任务（周雪光，2012）。开启运动式治理的常见方式包括召开会议、下发文件、成立领导小组和进行巡视、督查等。其中，督查机制是联结常规科层治理和运动式治理的一个重要载体，通常在数种情境中被启动，包括传达政策、调解科层部门矛盾、跟进重点工作、解决疑难问题等（陈家建，2015）。

自上而下的督查以既有科层体制为基础，又能以超越科层体系的形式有效动员起组织的资源和注意力，能够为实现领导层的安排部署、上级政策的贯彻落实提供重要的推动力，成为落实工作不可缺少的运行机制。本书尝试将督查机制及地方的组织调适置于组织研究的理论脉络中，使用经典的"战略—结构—绩效"模型加以分析。

一 组织调适的动因：压力下的战略选择

"战略—结构—绩效"模型认为，一个组织的战略和结构在很大程度上决定了该组织的绩效表现（Amitabh & Gupta, 2010; Chandler, 1962; 张汉, 2017）。在督查机制和运动式治理开启时，政府组织内部的上下级权力关系便发生了变化，下级政府组织需要对督查作出回应，选择与上级压力的互动方式，调整自己的战略目标。地方政府作为基层政府组织，会依据具体的环境、压力和激励方式不同进行权变，策略性地进行回应和调适。结合已有文献，我们将地方政府广义上进行的组织调适行为具体区分为：固守防御型的组织规避、被动应对型的变通执行和组织间共谋，以及超前主动型的组织调适等（Fox-Wolfgramm, Boal & James, 1998; 张汉, 2017）。组织规避指组织面对自上而下压力时，拒绝作出适应性的调整，继续以原有组织形式应对变化。变通执行意指组织虽对上级压力进行回应，但因目标难以企及、资源有限等原因对政策目标进行曲解，在政策执行中出现变通等行为。在对中国的国家治理研究方面，变通执行、选择性执行、象征性执行、政策空传等概念谈及了这类现象（O'Brien & Li, 1999; 李瑞昌, 2012; 杨爱平、余雁鸿, 2012）。当基层与次基层的科层组织联手应对上级压力和各类检查时，原本单一科层组织内部的变通执行便成为组织间共谋行为（周雪光, 2008）。

在这些回应方式之外，如果督查机制对基层政府的控制力较为有效，基层政府组织难以规避、变通和共谋，便会主动采取组织的调适行为，以顺应上级政府组织开启督查机制的意图（Hrebiniak & Joyce, 1985）。本书狭义地将这种基层政府组织在面对外部压力和环境变化下，通过组织战略和组织结构等调整，从而实现更优资源配置和更高组织绩效的调适行为称为组织调适。在督查机制下，组织规避、变通执行、组织间共谋和组织调适可能同时存在。督查的具体成效如何，可以通过观察基层政府组织的行为侧重点予以判断。如果一项督查开始后，地方上采取的行为多为规避、变通和共谋，则该项督查的实际效果较差。相反，如果一项督查引起了地方上较多的组织调适并使这些调适持续化、制度化，则表明该项督查起到了较大的作用。

二 组织调适的表现：结构变化

组织理论认为，组织结构的调整往往能直观展现组织战略的调整，并与组织的绩效变化紧密相连（Chandler，1962；Rumelt，1974）。适用在政府组织上，观察政府组织架构的变动不仅能够直观展现组织如何通过层级和组织方法的改变进行调适，还能够通过展现人、财、物等资源的重新分配过程，更好地理解政府部门运作的目标调整和最终产出结果。政府组织架构的调整可以从纵向、横向和部门内部三个角度进行观察：纵向架构指上下级政府间关系，主要关心上下级间的压力、激励、执行、信息反馈等内容；横向架构主要关心同级政府间或部门间的合作、学习与竞争等关系；部门内部则具体关心一个政府部门内部组织的运作规则、流程等。

在常规治理的状况下，政府科层结构是稳定的。上下级之间依照既定的科层结构运作，横向部门间有着明确的权责分工和协调机制，各部门内部以常规制度为基础，按照一定的运作模式开展工作，这些都呈现出相对固定的运作节奏。要打破原有的均衡状态，提升治理水平，就需要对组织架构进行调整，打通科层部门间的结构壁垒。因此，从纵向、横向和部门内部三个角度观察，可以展现出政府组织调适的内容和逻辑，从而理解中央与地方关系的互动机理。

三 组织调适的结果：消逝抑或变迁

成功的组织结构调适能赋予组织更多的资源和更高的运作效率，从而提升组织的绩效，但调适的结果未必都会在后续的运作中固定下来。一些因临时性目标进行的调适行为，在目标达成后，可能因为投入资源代价太大等原因终止。另一些成功的调适过程中，组织如果发现调适行为能够实现更高的绩效产出、提高工作效率等，便会对调适行为予以保留，逐渐内化成制度。从新制度主义视角看，最初的组织调适可能出于理性选择、关键事件和个人等原因（Lecours，2005；He，2018）。如果调适结果能有更高的效率，组织中的个体逐渐认同，组织调适的结果便能够被保留下来，成为组织变迁。

在中国的治理体系中，地方政府为了迎接督查而采取的运动式治理措施，往往伴随着组织结构上的临时性调整。这些临时性调整能否持久。一些研究认为，运动式治理具有非制度化特征，在运动式治理中出现的组织架构调整是不可持续的（冯仕政，2011）。另一些研究则认为，运动式治理与常规治理共存共生且相互作用，两者都根植于稳定的制度化组织基础之上，运动式治理结束之后可能走向常规化和长效化治理（倪星、原超，2014；王辉，2018）。这两种观点看似对立，但并非绝对冲突。地方政府组织的临时性结构调整，一些会在运动式治理结束后逐渐消失，另一些则可能因组织结构、理念和能力的改变，或者部门设置的原因走向常规化和制度化，从而由组织调适变为组织和制度变迁。

四 环保督察的特征与研究框架

环保督察（也常写作环保督查[①]）意指针对各项环保事务，上级政府和环保部门组成专门的工作组，对下级政府和环保部门开展督促、检查、控制和追责等工作。环保督察是督查机制的一种，是环保政策领域的督查。在学界研究过的督查类别中，有些研究对数个不同政策领域的督查机制进行了总结和比较分析（陈家建，2015）。有些具体针对某个领域的督查机制进行了探讨，比如计划生育政策领域的检查与迎检（艾云，2011）、土地督察制度（陈晓红、朱蕾、汪阳洁，2018）以及警务督察制度等。但是，对近几年刚出现的环保督察，学界的研究还有待丰富。

过去，地方环保部门属"块块"管理，在纵向层面上受本级政府管理，并接受上级环保部门的指导。在横向部门间，相比经济发展和招商引资等部门，环保部门常处于一种相对弱势，这种均衡状态在很长一段时间里未曾有较大改变。而且，由于历史沿革原因，一些环保相关的职能散布在了环保局以外的部门，分散了行政资源，难以协同配合完成环保治理目标。要让环保职能部门超越固定的权责分工，集中起行政资源，

[①] "督察"和"督查"两词本身是有区别的。在中国环境保护领域正式的文件中，中央派出环保工作组对地方进行检查等工作使用的是"环保督察"，但在实际的环保工作和新闻报道中，常出现"督察"和"督查"混用的情况，因此本书不对两词刻意做区分。

需要一定的动因。环保督察作为一种督查机制，来自上级政府的强激励和强控制措施，使得纵向政府间传导的环保压力陡增，成为地方政府进行组织调适的直接原因。结合"战略—结构—绩效"模型，本书提出如图6-1所示的分析框架，试图回答：环保督察在地方的实施过程中如何传导压力以促使地方政府采取组织调适行为？地方政府为迎接自上而下的环保督察对组织权威关系和权力结构进行了哪些调适？这些调适效果如何，是否走向了制度化？

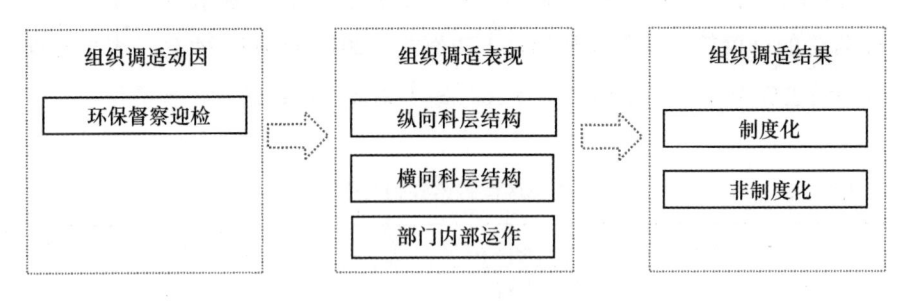

组织调适动因	组织调适表现	组织调适结果
环保督察迎检	纵向科层结构 横向科层结构 部门内部运作	制度化 非制度化

图6-1 文章分析框架

资料来源：笔者自制。

本书选取 H 省 S 县作为观察案例。县一级政府是设有专门负责环保工作部门（环保局等）的最基层政府，需要直接对辖区内的环保工作负责。同时，县一级环保工作需要受到来自中央、省、市等上级的环保督察，是层层压力传导的末端（杨雪冬，2012）。理解县级层面的工作有助于我们理解环保督察在整个政府间关系链条中是如何运作的。由于全国的各级行政组织设置和运转机制较为相似，并且环保督察在过去数年内对全国进行了全覆盖，以 S 县的迎检工作作为一个样本，能够以小见大，呈现一些普遍性的特点，帮助我们理解环保督察机制下地方政府的组织调适和应对逻辑。

第二节 地方政府的组织调适：动因与表现

一 S 县县情与迎检准备情况

H 省 S 县国土面积大致为 1700 平方千米，总人口近 135 万人。该县过去主要以小制作加工型产业为主（如打火机、五金、箱包等），辖区内造纸厂、电镀厂、炼焦厂、原煤开采等"小、散、乱、污"企业比较多，难以进行集中式管理。该县过去曾因为环保问题被新闻媒体作为反面典型事例报道过。可见，环保问题确实是 S 县政府面临的一大难题，该县在环保督察前后的工作对比为本书的研究提供了一个较为典型的案例。

自 2016 年 1 月中央环保督察在河北省开展试点以来，2016—2017 年的两年间，中央环保督察共派出 4 批中央环保督察巡视组，完成对全国 31 省份的全覆盖，问责人数超过 1.7 万人。2017 年 4 月 24 日，中央环保督察组进驻 H 省，在此前后，S 县开始了紧锣密鼓的迎检工作。

表6—1　　　　　　　　　　中央环保督察开始时序

批次	开始时间	涉及省/市	拘留人数	约谈人数	问责人数
第一批	2016 年 7—8 月	内蒙古、黑龙江、江苏、江西、河南、广西、云南、宁夏	300 +	2000 +	3000 +
第二批	2016 年 12 月	北京、上海、湖北、广东、重庆、陕西、甘肃	287	4066	2682
第三批	2017 年 4 月	天津、山西、辽宁、安徽、福建、湖南、贵州	355	6079	4018
第四批	2017 年 8—9 月	吉林、浙江、山东、海南、四川、西藏、青海、新疆	364	4210	5763

资料来源：笔者根据生态环境部（www.mee.gov.cn）发布的各批次督察情况整理。

在中央环保督察组进驻 H 省之前，S 县就专门召开了全县生态环境保护工作会议，就全县环境保护工作和配合环保督察工作进行了全面部署安排，提出了明确要求。会上，各乡镇、办、县直机关分别向县政府递交了环保目标管理责任状，形成环保管理"网格化"的特征。在参加完中央环保督察组督察 H 省工作动员电视电话会议后，县委书记又专门召开了环保工作督办会，对迎检工作和集中整改进行了安排。一系列类似于中心工作小组的运作模式也应运而生。该县先后成立了以县委、县政府主要负责人牵头负责的"S 县生态环境保护委员会""S 县环境保护督察工作领导小组""S县突出环境问题整改工作领导小组"等机构，以迎接环保督察工作的开展。

二 调适动因：纵向的强激励和强控制

过去，许多地方政府对环保工作不够重视，环保部门相比经济发展和招商引资等部门常常处于相对弱势地位。环保督察的出现打破了这种静态模式，给地方环保工作施加了极大压力，并使组织规避、变通和共谋的空间被极大压缩，迫使基层政府主要采取组织调适的方式进行回应。自上而下的压力有几种具体表现：

1. 上级领导赋予高"注意力"的重视。当组织内部决定对某些特定事务给予更高重视时，会采用诸如召开会议、下发文件、巡回督查等方式表达出来，给下级以明确的信号（练宏，2016）。环保督察自上而下，由高层级向下级政府部门释放信号和强激励，能有效地吸引下级政府部门的关注，以迎接上级检查工作。环保督察的重要性首先表现在督察主体的高规格。中央环保督察组由环境保护部牵头，中纪委、中组部的相关领导参加，代表党中央、国务院对各地方开展环境保护督察。从督察组成员来看，中央环保督察的组长主要由全国人大、全国政协各专门委员会主任或副主任担任，他们既有"正部"的级别，也有丰富的从政经验，副组长则由环境保护部现职副部级领导担任。同时，中纪委、中组部等相关领导参加督查和追责工作，使环保督察不单单是环境保护部门的督察，还对地方官员的考核仕途产生影响。

2. 密集的检查和广泛的社会动员。中央环保督察包括督察准备、督察进驻、形成督察报告、督察反馈、移交移送问题线索和整改落实六个环节。各省、市、区县等也依据类似的工作程序，组织督察工作小组对本辖区内环境问题进行巡回督察。在督察期间，各督察组设立专门值班电话和邮政信箱，受理环保方面来信和来电举报，通过听取汇报、调研座谈、个别谈话、现场抽查等方式了解地方环保工作情况。因环境保护与民众利益切身相关，一些历史遗留长、影响范围广、民众抱怨多的污染问题成为环保督察的重点。相较过去，此次的环保督察通过广泛的社会动员和主要污染源现场检查，能够形成对地方环境工作更强的控制力，使地方不易遮掩违规行为，唯有努力落实环保要求才能合格过关。在实地调研过程中，我们正好赶上 H 省对该县进行突击现场检查。检查地点事前已经告知地方，现场检查重在实地了解工作进度。

> 这已经是今年第五次省里来我县突击检查了，这次省里督查的范围涵盖五大项内容，环保督察算其中一项。一般上级来检查都是采取现场勘查和汇报会议结合的形式，但是这一次主要是现场检查的方式，没有涉及汇报会议方式。这次督查点大多数是已经上报了的重点污染管控项目，比如说 S 县的黏土砖关闭现场、生态园污水处理厂、矿涌水处理现场等……（访谈编号：20171113E）

3. 严格的考核和问责措施。考核机制一直是中央对地方核心的政治激励方式，体现出明显的"压力型体制"的特点，环保督察也采取了类似形式（冉冉，2013）。环保督察在巡视地方政府过程中，对污染程度、减排效果等有明确的指标和测量方式，督察的结果和党政领导干部考核评价结果向上汇报，工作不力的党政官员将不能参与评优、提拔和晋升，严重者可被免职，需要追究责任的移送中央组织部、纪检监察机关等相关部门。中央环保督察小组通过区域限批、挂牌督办、整改、行政问责、立案处罚、媒体曝光、事后督查、移交移送等压力传导机制对地方环保问题进行追责，并对领导干部进行约谈和问责。环保督察还采取了"回头看"的方式，对督察中发现的问题要求地方限时整改，并将整改方案和落实情况向社会公开。这些不仅对环保干部的日常工作起到有效的监督促进作用，还对地方主要领导人有震慑作用。环保督察在问责上十分严格，S 县环保局有多位干部受到了处分。

环保督察的强激励和强控制措施，通过明确的考核措施、现场检查、举报受理和严格问责，使基层政府组织规避、变通和共谋难以施展。环保局多个工作人员被处分的鲜活案例，更使得官员们十分重视迎检工作。地方政府和环保局在组织战略上选择了积极调适，采取了一系列重构地方环保工作职责的组织结构调适措施。

三 领导小组与网格化压力传导：纵向组织结构的调适

在环保督察的巨大压力下，S 县政府一改过往主要由环保局等职能部门负责的工作模式,将环保工作提升到县级层面加以统筹协调,并将压力层层下传,以落实任务。强激励和惩罚措施的介入,推动了地方政府和环保部门的组织结构的变化,纵向层面的调适具体表现在如下方面。

1. 出台文件。在中国的治理体系中,"文件治国"被认为是一大特征(李林倬,2013)。上级发文单位级别、文件形式、频率、具体条文和奖惩措施等都对地方官员起到重要的信号作用。S县在迎接环保督察工作中也不例外,下发了大量文件,以期引起各单位的重视。在中央环保督察组尚未进驻H省之前,该县先后制定和下发了《S县突出环境问题实行整改交办的通知》《S县环境保护大检查工作方案》《S县环境保护工作责任暂行规定》《S县环境问题(事件)责任追究办法(试行)》《S县城乡环境卫生整洁行动实施方案》等系列文件。督察组进驻H省开展工作后,该县又根据中央环保督察组的交办、督办件指出的环境问题逐一排查,制定了相应整改方案,如《关于加强环境突出问题整治工作方案》《S县环境保护工作责任规定》等。① 这些以县级层面发的环保文件,相比过去的发文,不仅频率更高,内容也更为务实地围绕环保督察工作。

2. 设立领导小组。组织精英在组织中扮演着重要角色,往往对组织目标和实际运作起着重要作用。在中国的政治运行中,确认分管领导和成立领导小组,常被认为是一项工作获得重视的表现(杨华、袁松,2018)。依照中央环保督察的要求,S县以领导层决策会议确立了"党政同责""一岗双责"和"属地管理""谁主管谁负责"的明确责任领导。该县专门成立了"S县环保督察工作领导小组",由县长担任领导小组组长,对区域环境质量负总责。县委常委、副县长以及法院院长、检察院院长、公安局局长、环保局局长任副组长,成员包涵众多职能部门的"一把手",比如发改局、财政局、国土局、城建局、农林水务局、畜牧局等几乎所有县直属局的局长。② 领导小组负责全县环境保护督察工作的

---

① S县环保督察工作领导小组办公室:《关于开展"中央环保督察整改情况"自评报告》(2017)。

② S县环保局:《S县环境保护工作情况汇报——在S县人大常委会会议上的报告》(2017)。

组织领导等事务。领导小组办公室设在县环保局，环保局局长兼任办公室主任，具体承担领导小组日常工作。办公室建立联席会议制度，根据工作需要定期或不定期召开联席会议，按照各自工作职责，加强沟通，密切配合解决有关问题，集中各部门精力应对上级检查。

3. 网格化和目标责任制。仿照从中央到县一级一级的压力传导机制，S 县全面实施了环境保护网格化监管。按照"属地为主、分级负责""责任到人、网格监管"的原则，明确相关部门环境监管职能，将乡镇和基层行政村等纳入责任机制，并在基层按照既有网格分配责任，对辖区内河流和水库保护实行"河库长"制。S 县县政府与各乡镇、办、县直机关负责人签订了环保目标管理责任状，将基层和相关部门的领导人和工作人员都纳入了考核体系。

4. 县领导亲自陪同督察。我们 2017 年 11 月在 S 县环保局调研期间，正好赶上 H 省对该县的突击督察。除了市级每月的常规督察，这已经是该年度 H 省第五次对 S 县进行督察。本次督察的时间紧凑、参与人员少、陪同官员级别高，以现场检查为主。根据受访官员的工作记录，S 县的多位领导陪同了督察工作。

> 省政府环保督察工作是当天下午三点开始，第二天中午后就离开，时间没有超过一天，其中省督察组 4 人，市环保局陪同 3 人，省市共 7 人，书记、县长、县分管常委、副县长、环保局局长 5 人陪同，其中，常委、副县长、环保局局长全程参与。（访谈编号：20171113C）

从纵向层面看，环保督察的开展，使环保事务进入到地方工作的重点名单中，出台文件、设立领导小组、网格化考核和县领导陪同检查等举措，表明过去仅由环保局等职能部门负责的模式如今已被提升到县级层面加以统筹协调。纵向事权的提升相应增加了环保工作的重要性和资源动员能力，环保系统获得更多纵向层面的行政支持。

四 部门协作与环保扩权：横向组织结构的调适

中央督察的介入让环保工作在本级政府中的注意力获得提升。为应对中央环保督察工作，S 县成立了相关小组和机构，将县级及相关主要县直部门的领导纳入这些机构中，对任务进行分配，生成政治压力，通过这些机制将迎检任务渗透进相关部门，调动这些部门的积极性，使原来环保工作相关的数个部门间分工不清、互相掣肘的问题得以暂时性缓和，集中精力投入迎接环保督察的工作中。这种政治整合是按照完成政治任务的要求，对县域既有政治、行政和治理结构进行调整，以提升治理效率，进而形成新的结构和部门利益关系。在这一过程中，环保局作为主要的协调部门，在地方工作中增加了话语权，获得了更多的资源配合，其横向职能得到扩张。有两个组织实例可以表明这种横向的结构变化。

1. 成立 S 县生态环境保护委员会。许多环保工作跨越了不同部门，仅依靠既有的横向部门间分工无法顺利完成环保督察迎检工作。为把环保工作落到实处，S 县成立了高规格的生态环境保护委员会（简称"环委会"），县委书记为顾问，县长为主任，县委常委、县委办主任任副组长，负有环境保护职责的相关单位"一把手"为成员，在环保局常设办公室。环委会将相关环保职能部门都纳入进来，采取定期或不定期的方式召开调度会。在有突出的环境问题需要进行研究和整改时，环保局作为环委会的主要办公机构，可以向县领导汇报困难，提请县里召开环委会工作会议，以落实各部门的责任，加强横向间部门协作。这些会议的结果大多如环保局所愿，其他部门被要求配合环保局工作，持续加强了环保局在具体工作中的横向协调职权，环保局得以在横向行政结构中扩权。例如，在推进造纸企业全面退出的过程中，该县成立专门的领导小组，并联合县环保局、财政局、监察局的行政力量进行推动；在加强对黄标车的淘汰工作中，环保局联合了县交警队、县商务局对黄标车摸底排查；对推进秸秆禁烧和禁止垃圾露天焚烧的工作，在农村由农业局负责牵头，在城区则由城管局牵头实行常态化巡查；对污水处理厂的稳定运行，通过环保局管水质监测、住建局管水量核定、财政局管资金拨付的共同努力来保证；对环保部门作出取缔、关闭、停产、限产等行政决定的企业，工业经济和电力等部门采取断电、停电等措施进行配合。①

---

① S 县环保局：《S 县环境保护工作情况汇报——在 S 县人大常委会会议上的报告》（2017）。

在环委会这种组织结构下，环保局作为主要的协调和监管部门，得以借用纵向上更高层级的领导权威，及时有效地协调其他部门，使其职权得以相对扩张。在访谈过程中，该县环保局一副局长就环委会和环保"网格化"带来的好处谈道：

> 现在环保呈现的是"大环保""大格局"形态，环保不再是环保局一个局的事情，而是各个与环保相关的职能部门都有份，环境责任分散至各个部门了，形成了一个网格化管理的模式，责任现在督查到各个单位，分给相应职能部门和乡镇、村……反正谁管理谁负责，大多数污染环保局只负责监督核查……一旦哪个部门执行不到位，我们就可以向环委会反映，然后召开会议进行整治。（访谈编号：20171113E）

2. 建立联动执法机制。在 S 县为迎接环保督察召开的县委常委扩大会议上，县委书记要求公安、检察院、法院要全力支持环保工作。在这一强化环境行政执法与司法衔接协作的要求下，S 县环保局分别与公安局、县人民检察院成立了"S 县公安局—环保局联动执法联络室"和"S 县人民检察院驻环保局检查联络室"，通过定期会商、提前介入、协同配合、案件移送、强制执行等工作机制，加大对环境违法犯罪的打击力度。公检法司的配合为环保工作的开展带来了许多便利，改变了过去环保执法不够强硬的问题，受访官员感受颇深：

> 对于超标排放的，我们大致有四套办法……一种是司法处理；还有一种是移送公安。当然，这个处罚的过程光凭环保局是无法处理的，环保局没有拘留、拘押人的权力，这个还需要公安和检察院的协作，单靠我们部门的监察大队根本处理不了事情，我们县设置的"公安联络室"确实在处理环保问题方面发挥了硬设备的作用。（访谈编号：20171113F）

五　内设专门小组：地方环保局的运动式迎检措施

环保督察期间，地方环保相关部门常规的工作模式被打破。为应对高规格、高强度的环保督察，地方采取了一些运动式迎检措施，在既有的组织架构外设置一些专门小组，以动员部门内部的组织资源，集中精力迎接环保督察工作。S县专门成立了"配合中央环境保护督察工作协调联络组"，负责承担中央环保督察工作的日常交接，以及接受省市协调联络组交办的各项任务。该组主要由县环保局承担工作，其中局长担任组长，局里其他领导任副组长，相关股室负责人为成员。其下设6个专项工作组，分别为：

1. 综合协调组。负责与省市环保部门和县协调联络组的工作对接、沟通及对S县环保局交办事项的协调、调度、反馈。

2. 信访（应急）处理组。负责接收上级分发的对环保督察中的投诉电话和信件等信息，进行督办和转办。

3. 现场督察组。对交办S县的案件由县环保局监察大队带头进行现场勘测检查，进行现场取证，进行处理并提出整改意见。

4. 舆情宣传组。及时收集分析网络舆情动态，做好督察工作动态的报道，编发每日舆情专报并及时向省市上交工作简报。

5. 文字材料组。负责全县环保工作的台账工作。对已办结的举报问题，做好归档工作。

6. 后勤组。负责保障督察工作经费，并负责做好县环保局接待方案和后勤保障方案。

这些专门小组的主要成员均由环保局职员担任。为迎接环保督察，这些小组的工作方式和效率相比平日有明显差异。例如，S县环保局原本就设有环境举报热线和邮箱，为了配合环境督察工作，信访（应急）处理组对环保督察涉及的举报和投诉信息明显加快了处理速度，将相关投诉快速反馈给基层和相关部门，并做好事后环保督察落实的工作，有受访官员谈道：

> 一般来说，接到投诉的当天下午省一级就反馈到市一级，各市会在问题不过夜的情况下将问题反馈到各个县……我们县里也做到

不过夜,也会当晚12点之前把相关乡镇负责人组织起来进行传达,每天晚上不管多晚,让所属问题的乡镇把这些问题认领,要求涉及的各乡镇和各单位紧急采取解决措施。(访谈编号:20171113E)

再如,S县环保局在日常情况下,由环保督察大队负责环保检查工作,一般采用重点检查和随机检查相结合的方式。在环保督察开始后,新设的现场督察组则明显强化了对上级交办案件和举报案件的执法力度,与公安、司法紧密合作,打击违法行为。

第三节　组织调适机制与督察成效

中央环保督察作为外生的上级压力,改变了组织环境和组织战略,带来了对组织调适的迫切需要。在组织结构上,原有环保部门中低效、僵化和部门分化等特征已经不能适应环保督察的高压力和高强度,迫切需要通过组织调适以提升组织效率。地方党政领导人作为环保督察的首要负责人,以组织领导的身份推动了组织战略的调适,运用下发文件、设立领导小组和网格化等形式强化了环保相关部门的垂直科层压力。环委会等机构的设置促进了横向部门间的协作,环保局内设的专门小组则为迎接检查提供了对口单位。随着组织战略调整、结构调适而来的是组织能力和环保执法工作绩效的显著提升。在访谈中,有些地方环保官员表达出了对环保督察既爱又恨的复杂心情。一方面,环保督察明显增加了地方环保官员的工作量,有些官员还因为工作不力被处分。另一方面,环保督察使地方环保工作获得了前所未有的重视,环保局一改过去的弱势地位,得以在横向部门间相对扩权,能够调动相应资源处理一些过去无力或无法解决的问题,环保官员获得了一定的成就感。S县现任和前任环保局长都认为,如今的环保工作所受到的阻碍要明显少于环保督察开始前,而执法的严格程度则明显强于过去。在此次环保督察开始后,地方上大力整治,对大量企业进行查处、整改,有些过去让位于招商引资的污染项目如今被大量关停。据《S县中央环保督察整改自评报告》中显示,S县在环保督察期间取得明显成效。

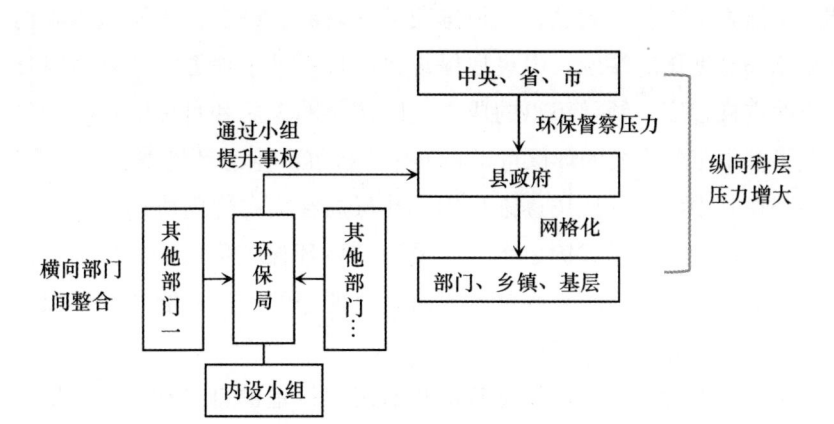

第六章　环保督察与地方环保部门的组织调适和扩权　　123

图 6-2　环保督察带来的组织调适示意图

注：横向部门间箭头表示资源向环保局整合。

资料来源：笔者自制。

在中央督察组交办任务的第三天，就将无名鞋底加工厂生产线设备拆除到位……仅 10 天时间就完成了全部退养到位和养猪场周边环境整治恢复工作。

对影响大气质量的 62 家铸造企业、30 家五金企业、4 家木炭加工厂以及养殖行业实施停产整治；对影响水环境质量的 11 家洗水厂进行查封；对全县 93 家非法黏土砖瓦窑厂进行断电和拆除，共拆除黏土砖厂 75 个，黏土沟瓦窑 18 个；完成 51 个畜禽养殖场所的搬迁、退养、拆除、清理、清整工作；全县 46 家加油站完成油气回收改造；城区内石材加工行业全部搬离县城。

通过一系列的整治措施，该县污染问题得到全面治理，环境质量明显改善，同 2016 年相比，2017 年，各项监测污染物浓度均有较大幅度的下降，大气优良天数增加 69 天，优良率提升 12.80%；中度及以上污染天数减少 9 天，下降 41%；集中式饮用水水源地水质达标率 100%。①

环保督察带来的这些成绩能否持续，基层政府主动进行的这些组织

---

① S 县县委办公室、政府办公室：《关于印发〈S 县蓝天碧水保卫战实施方案〉的通知》(2018)。

调适又能否常规化、制度化？根据我们的观察，许多组织调适措施已有常规化和制度化的端倪。中央环保督察明显提升了地方主政官员对环保工作的重视程度，领导小组的成立、网格化的采用和目标责任状的签订强化了基层工作人员的环保意识和工作积极性。生态环境委员会设置后，环保局在其中的主导地位逐渐巩固，环保局在横向部门协调中的主要地位开始以制度化的形式固定下来，成为今后环保工作的承载主体。环保局内设的运动式迎检小组则是临时所为，他们的作用可能随着环保督察压力的递减而趋于消失或减弱。

从动因上看，环保督察是基层政府组织调适的直接动因，如果环保督察结束，有一些组织调适措施就可能消失。但为期两年的全国环保督察结束后，"环保督察风"并未偃旗息鼓，中央已明确环保督察还将持续高压进行，并开始了中央环保督察"回头看"的工作。原来的各区域环保督查中心已更名为区域环保督察局，持续在地方推进环保督察进程。近年来中央不断强调"绿水青山就是金山银山"等话语，以示对环保工作的重视。中央政府的高度重视、近年来持续的环保督察和民众对优良生态环境的期望，亦使地方政府和环保相关部门持续增强了环境保护的组织理念，这些都有助于组织调适的制度化。

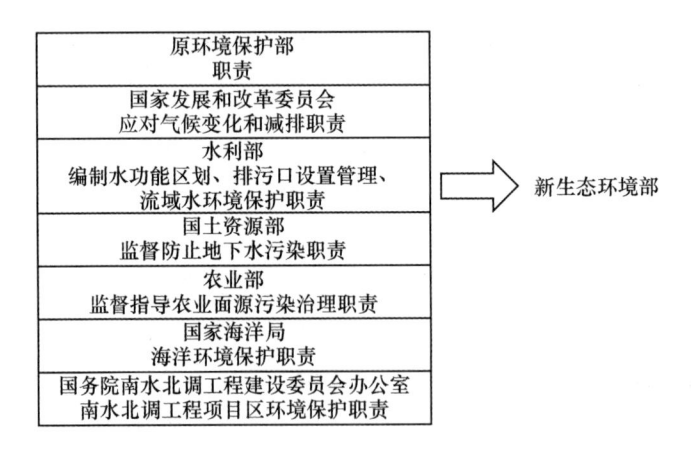

职责来源	
原环境保护部职责	
国家发展和改革委员会应对气候变化和减排职责	
水利部编制水功能区划、排污口设置管理、流域水环境保护职责	→ 新生态环境部
国土资源部监督防止地下水污染职责	
农业部监督指导农业面源污染治理职责	
国家海洋局海洋环境保护职责	
国务院南水北调工程建设委员会办公室南水北调工程项目区环境保护职责	

图 6-3　2018 年中央机构改革中新成立的生态环境部职责
资料来源：王勇（2018）。

中央机构改革也有助于地方环保督察成果的巩固和基层政府组织调

适的制度化。2018年3月，经全国人大批准的中央机构改革方案中，环境保护部吸收了农业、水利、发改委等部门的一些职能，重组成新的生态环境部。目前省级及以下政府机构已逐级开始实施相应的机构改革方案。在改革已经落地的地方中，方案一般均以中央为参考，地方环保局吸收了一些横向相关部门的职权，从而使前述地方环保局在组织调适中横向职能的扩权更为制度化。中央环保部门权力结构的扩张与资源的重组，十分契合我们在基层的观察，即对地方环保工作的更高重视迫切需要以地方环保局为主体，更多地协调相关部门间的环保工作，将原先分散在不同部门间的环保工作职能进行适当的集中。

第四节　小结

面对督察等上级压力，基层政府可能采取组织规避、变通执行、组织间共谋或者组织调适等行为。本书通过对S县的实地访谈调研，发现在强激励和强控制的环保督察下，地方政府在组织战略上选择了主动进行的组织调适，实现了内部权力资源结构的变动。在这一过程中，地方环保工作在基层政府中的地位得以提升，横向职能得到扩展，且由环保督察带来的这些组织调适开始以常规化、制度化的形式保留下来继续发挥作用。面对环保督察，地方基层政府能够调适性地有效动员科层组织系统，整合横向部门间关系，达成特定的组织战略目标，在一定程度上也表明，地方基层政府的治理体制具有相当程度的适应性，能够积极适应组织环境的变化，彰显了国家治理体系中的制度韧性（Heilmann & Perry, 2011; Shevchenko, 2004; 徐湘林, 2010）。

就研究价值而言，本书试图在以下几个方面推进中国督查制度运作的研究。第一，现有的督查研究主要集中在计划生育、反腐工作、土地督察以及警务督察等。由于环保督察是新事物，在该领域的学理研究还较少。第二，环保督察开始后，环保由过去的相对不受重视，跃升成为许多地方政府工作的一大重点，纵向压力明显的转变所带来的组织调适和变动规模，明显高于其他政策类型督查所带来的变化。第三，环保工作涉及的部门众多，环保督察所带来的对横向部门间的协调要求明显大于其他政策领域。环保督察时间上的新近、纵向压力上的跃升、横向间部门协调的难度，都使本书的研究具有一定的价值。通过研究地方环保治理模式的改变，也有助于管中窥豹，更好地理解中国治理模式的运作逻辑。

本书也存在不足之处，如案例仅限于中部某县，只能对全国的普遍情况做审慎推论。其次，环保督察制度在地方政府的运行过程中，虽然显著提升了环保部门的地位，促进环保问题得到高效解决，但是也出现了许多政策执行中"一刀切"的现象，本书未探究环保督察在基层运转中的负面效应，未来还可以进一步深入研究。

第七章

环保督察下的地方政策执行选择

2016年以来，环保督察工作在全国范围内普遍开展。① 环保督察在组织纵向层面上带来的高压力，促使各地政府和环保相关部门普遍采取了运动式治理模式。其中许多地方集中力量进行了常见的集中整治，表现为通过调动行政资源、加强执法力度和建设减排项目等方式改善环境问题。与此同时，在督察整改过程中，一些地方上简单、粗暴地"一刀切"关停了养殖、化工、能源甚至餐饮和洗车等行业。②

"一刀切"在地方环保领域主要表现为两种。第一种是地方提出单一的产能或排污指标等标准，对标准以下的企业全部彻底关停。这种类型不区分是否在督察时期，主要侧重标准设置较为随意和单一。第二种"一刀切"是生态环境部文件中所定义的，专指地方"在督察时因担心问责，不分是违法还是合法，采取一律停工停业停产的做法"。③ 该类型在时间上专指在督察迎检期间，在方式上强调不分违法或合法都一律暂时关停。本章侧重讨论这种生态环境部点名和反对的"一刀切"。即便该部多次要求整治地方"平时不作为、急时一刀切"现象，但这种"一律关

---

① "督察"和"督查"两词本身是有区别的。学界常用"督查机制"形容上级对下级的巡视、检查和指导评估等工作，而环保督察在正式文件中均使用"督察"，本书对两词不作刻意区分。

② 生态环境部：《生态环境部通报临沂市兰山区及部分街镇急功近利搞环保"一刀切"问题》，（2019-09-04）[2020-11-16]，http://www.mee.gov.cn/xxgk2018/xxgk/xxgk15/201909/t20190904_732458.html。

③ 生态环境部：《生态环境部明确禁止环保"一刀切"行为》，（2018-05-28）[2020-09-10]，http://www.mee.gov.cn/gkml/sthjbgw/qt/201805/t20180528_441554.htm。

停""先停再说"的现象仍屡禁不止。① 现有文献在研究运动式治理时普遍关注到常见的集中整治现象,但对"一刀切"关停这种极端的治理方式则鲜有笔墨。同样属于运动式治理模式,为何地方政府在面对环保督察压力时,时而进行集中整治,时而开展片面的"一刀切"关停?"一刀切"缘何产生且屡禁不止?集中整治与"一刀切"关停之间有何关联?回答这些问题,有助于更好地理解科层组织的运作逻辑和演化过程。

第一节 "一刀切"与"集中整治":理论回顾与概念辨析

运动式治理作为一种特殊的组织现象存在于中国国家治理和政策执行的过程中。随着时代的变化,它的内涵已从一种大众政治动员的方式更多转向一种行政治理的手段(倪星、原超,2014;欧阳静,2014)。当前文献在解释运动式治理上大体有两种思路,即从中央的视角回答中央为什么要对地方发起运动式治理,以及从地方的视角回答地方是如何进行运动式治理的。第一类研究由对政治运动的讨论衍生而来,主要从国家体系层面的上下级关系讨论运动式治理的起源。这类研究认为中央或上级为了应对地方政府和官僚体系在常规执行中的懈怠问题,不时采用运动式治理方式将地方的注意力、组织和资源动员起来以纠偏地方政府并实现特定目标(冯仕政,2011;周雪光,2012;Kennedy and Chen,2018)。第二类研究主要从地方行政手段的角度讨论地方政府如何通过运动式治理来执行政策,即在时间急迫、压力陡升的情境下,如何通过设立小组、资源动员、部门协调等方式采取一些运动式的执法、整顿和建设等形式进行治理。这类研究认为,地方采取运动式治理的原因,既有顺应自上而下科层压力的需要,也是在考量自身政策工具有限、执行资源稀缺和社会动员能力不足后作出的选择(唐贤兴,2009;狄金华,2010)。两类文献都认为科层体系是解释运动式治理的关键,自上而下的压力和激励设计在约束官员行为中发挥着重要作用。在常规状态下,如

---

① 李干杰:《坚决整治平时不作为急时"一刀切"问题》,《中国纪检监察报》2019 年 11 月 28 日第 6 版。

果上级的压力较弱,那么"政令不行"或"变通执行"的局面将时常出现。随着上级赋予更高的重视,以及由此衍生的激励和惩罚手段增加,运动式治理被地方采纳的可能性明显提高。增强上级压力的方法可以有多种,包括文件下发、指标考核、督察巡视和上级约谈等。

近年来,国家制定的五年规划纲要和相应政策文件对环保工作越发重视,其中包含一定数量的约束性指标,使环保问题逐渐成为地方工作一票否决的议题(Zhang,2017)。环保督察作为一种中央发起的督查机制,主要目的在于撬动地方政府重视环境问题,减少或解决过去环保政策执行中的偏差、变通和地方保护主义等问题(冉冉,2014;陈家建,2015)。它通过严厉的巡视检查、指标考核、约谈、排名、挂牌督办、区域限批、举报受理和行政问责等形式逐层下达,给予地方极大压力(庄玉乙等,2019)。地方政府面对这一高压任务,普遍打破常规运转机制,以运动式治理的方式进行迎检。在具体做法上,地方政府通过评估、执法、整治、抽调人手、部门协调、密集检查和项目建设等方式进行治理,将注意力和资源集中在具体政策实施领域(狄金华,2010;艾云,2011;欧阳静,2011)。在地方政府的话语中,"集中整治""动员整治""联合执法""综合整治"等类似词汇都具有一些"运动式治理"概念的内涵特征。为了方便区分,本书将这类常见的运动式治理形态权且称为"集中整治"。这些举措重在以政治动员的方式,集中调度组织的资源和注意力到解决具体问题上(周雪光,2012)。

环保督察开始后,在集中整治之外,"一刀切"关停现象出现频率也显著增多。"一刀切"专指地方在"督察时因担心问责而采取紧急停工、紧急停业、紧急停产等简单、粗暴的方式",即无论排污企业、商户和行业等的污染物排放达标与否,在督察时间段内一律关停。从类型学视角看,"一刀切"是运动式治理的一种特殊类别。"一刀切"与"集中整治"在概念上有时容易混淆,因为集中整治过程中,也会关停许多企业。区分两者的一个特征是政府采取的方式和标准。一般来说,集中整治的合理过程应当是"分类施策"的,对于落后产能可以要求统一淘汰或逐渐淘汰,但对政策允许的产能,地方政府应当依据一定的排放标准,只要企业等主体经过整改后能够稳定达标,便允许复工生产(生态环境部,2018)。集中整治还可以通过加强日常执法,或由政府支持进行项目建设等多种方式和标准来达到政策目标。而"一刀切"关停往往只采用单一、严厉的方式来实现在督察前后一律关停的短时达标效果。另一个区别特征是上级接受程度。集中整治如果能够有效分类施策,是被上级接受和默许的,甚至被认为是应对地方政府平时执行不力的有效机制,而"一刀切"关停方式则不被承认是地方的合理调整,反而被上级明令禁止,亦被民众诟病。

从国家体系层面的起源来看,中央发动环保督察,本意是希冀通过发动运动式治理机制来纠正地方环保政策执行松懈的问题,在实践中确实起到了效果,但这一自上而下措施也意外带来了地方上更多的"一刀切"现象。从地方政策执行的表现形态看,"一刀切"关停常与集中整治一同出现,并有类似的运动式治理特征,表现在任务繁重、时间急迫和科层压力紧张等。无论从国家体系起源还是地方政策执行中的表现形态看,环保督察下催生的"一刀切"都内生在运动式治理中,与常见的集中整治有着相同的起源和一些相似的特征。两者同属于运动式治理,但"一刀切"的形态较为极端。从两者的差别看,集中整治重在通过投入资源、建设项目、强化监管和密集整改等方式以实现治理目标;"一刀切"关停则突出表现在不论企业规模大小和排污达标与否,在督察前后一律关停。

表 7-1 "一刀切"关停与集中整治比较

类别	运动式治理类型	上级督察压力	环保督察中表现形式	表现特征		
				资源动员	执行标准	上级默许
集中整治	常见类型	强	动员整治、项目建设等	强	多样	是
"一刀切"关停	极端类型	强	一律停工停业停产	强	单一	否

比较而言,现有文献对运动式治理中常见的集中整治等类型在研究数量上可谓浩繁,但对"一刀切"关停这种极端类型则鲜有笔墨。现有研究主要从上级对下级政府"采用单一和严格的环保标准"来讨论"一刀切"(Kostka and Hobbs,2012;张璋,2017;van der Kamp,2021)。仅有个别研究关注到环保督察下的地方"一刀切"行为,但系统分析其成

因的讨论仍显不足（石磊，2020；张国磊等，2020）。此外，"一刀切"还对既有文献中的地方保护主义论述形成挑战。以往研究认为，由于"块块"的领导结构，过去的地方政府在完成环保考核指标过程中，可能为了经济效益而忽略环境效益，采取执行偏差、共谋和选择性执行等方式（O'Brien and Li, 1999；周雪光、练宏，2011），但"一刀切"关停实际上挫伤而非保护了地区经济的发展活力。欲解释地方政府如何在集中整治与"一刀切"关停之间进行选择，仍需要从制度结构与治理情境的角度进行。除了环保督察带来的科层压力，还有一重要因素是地方政府能力，其中包括两个方面，分别是地方政府资源和具体任务情境中的治理难度。

第二节　解释框架：地方政府资源与任务治理难度

以往对政府间关系和运动式治理的研究在讨论下级的行为选择时，普遍重视结构因素，包括科层压力和激励等。这些研究认为下级各类合理或不合理行为深受科层体系中的结构和激励等因素影响。他们潜在地假定，只要激励得当，下级是有能力完成上级任务的。但能力足够的假定并不适用于所有情境，地方政府能力不足的情形在现实中时有存在（陈那波、李伟，2020）。地方政府能力由国家能力衍生而来，后者是国家拥有的治理资源及对其进行合理配置和有效使用，以达到有效行使权力、渗透和动员社会的能力，具体可以包括统治能力、动员能力、渗透能力和财政汲取能力等不同面向（Mann, 1984；Migdal, 1988；王绍光、胡鞍钢，1993）。地方政府能否有效执行具体政策，很大程度上依赖于是否有足够能力对地方事务进行信息收集、汲取分配和渗透动员等（谈婕等，2019；郭凤林、顾昕，2020）。

精确测量地方政府能力存在几个困难。一是简单测量政府机构和人员的规模、财力和掌握数据规模等都不能准确揭示地方政府能力的大小，而更像是单向测量了地方政府掌握资源的多少。但地方政府能力并非单向和静态的，需要将它放置在国家与社会、市场、企业和个人的互动中，来考察地方所掌握的资源能否有效渗透或动员起这些对象。二是地方政府能力未必是稳定和均一的，在不同事务和不同时段上可能存在明显差异（Luna and Soifer，2017）。不少研究发现，地方政府在一些公共事务治理中能展现出强大的能力，在另一些事务中则不然（Ding，2020）。相关解释认为地方政府面对多重任务时，在有限资源的约束下会对各项任务进行优先取舍和选择性执行（O'Brien and Li，1999；冉冉，2014），考虑的因素包括考核压力大小、指标软硬程度、政绩效果和任务难度等（周黎安，2014）。这类研究多数重视科层结构因素，但对地方本身面对的情境即不同任务的治理难度则甚少关注。科层压力和激励固然深刻塑造了地方政府行为，但任务情境即地方政府在具体任务中需要互动面对的对象本身的复杂程度，同样影响了地方政府的选择（吕方，2013；陈那波、李伟，2020）。如果一项任务本身的治理难度不大，地方政府便会优先考虑加以解决；如果任务治理难度颇大，则地方更有可能采取各类变通执行或向上诉苦等方式。

不仅地方政府面对各项任务时需要有取舍和先后考虑，而且在单一的环保政策领域内部，部门的资源也是有限的，面对不同任务时也需要进行排序，但是环保领域的一些特征也加剧了不同任务间治理难度的差异。

第一，有限编制与庞大被监管对象之间的冲突。地方环保部门经过多年的扩权，人、财、物等资源虽然已加强许多，但各地的编制和聘用人数仍然受限，面对数量庞大的排污者和各类环境问题时常常捉襟见肘。随着中央重视和人民对环境质量的追求，环境治理的任务和要求还在不断膨胀，而生产、生活水平的进步又不断产生新的污染类型需要治理。

第二，被监管者的博弈与作弊。一部分排污者存有侥幸心理，时有违法偷排和通过开挖暗管、人为稀释样品、篡改仪器参数等方法改变排污监测数据的行为。许多做法取证难度大，加大了监管难度（孙雨、邓燕华，2019）。

第三，环保不同领域的技术进步差异较大。历史上，依靠技术进步，国家对人口、土地、税收和监管等事项逐渐掌握越来越多的信息，有效提升了政府的渗透和监测等能力（Brambor et al.，2020）。类似地，地方政府面对大气、水体、土地、生态等环境和企业、个人等排污对象，要有效实现环保目标，就需要掌握被监管者的详尽信息并进行有效监管。这些仅依靠科层体系中有限的人力资源是不够的，需要科技的助力。不同环境领域的科技进步水平差异明显。例如，通信遥感和自动监测等技术已经使河流干流水质监控、大气质量监测、重点企业排污监控等领域监测能力明显提升。但是，土壤污染、地下水质监测、农业面源污染和小散乱企业等领域监测能力提升则比较有限。

因此，衡量地方政府能力在具体事务中的大小，应该通过比较地方掌握资源多少与具体任务难度的匹配程度来刻画地方与被监管对象的互动图景。地方政府资源可以区分成制度化资源和自致动员资源，用以解释科层体系里常规状态与动员状态的差异（陈那波、李伟，2020）。制度化资源指政府依靠科层体制配置的日常人力与财力等资源建构出的能力，它随着部门设置、编制数量和财政收支等变动，变化速率相对缓慢。自致动员资源指地方政府在督察等情境下努力对各类资源进行结构化整合与有效动员带来的能力。它可以包括向上索取资源、向本级调动资源和向下汲取资源进行快速调整。运动式治理中设立跨部门领导小组和网格化责任包干等便是短期内动员提升资源的一些方式。

即便近年来对环保工作的重视带来的事权提升和相关科技的发展已经使地方政府投入环保治理的资源有了长足增长，但在一些领域里仍然不能匹配治理难度。在常规状态下，地方尚可以通过选择性执行、消极执行、象征执行或随机抽查的方式缓和资源不足与监管难度的矛盾。但在环保督察开始前后，这些变通执行的空间被极大压缩，地方政府面对这种复杂的多任务情形，需要分类选择治理方式（见表7-2）。对那些治理难度低的环保任务，地方政府倾向于优先采取集中整治方式彻底解决污染防治问题，因为无论地方政府资源高低，经过动员加强后一般能够匹配较低的环保治理难度（情景3和4）。而对那些监管对象多、难度大、受人为和自然因素影响存在着各种污染超标和事故可能的任务领域，地方政府明白要完全治理达标的难度很大（情景1和2），如果地方认为自身资源低，难以匹配任务情境的高难度，那么要在督察期间少出错，便要减少出错的机会。虽然让排污者完全达标的想法因为资源所限和各类意外难以企及，但借助于督察迎检带来的资源动员提升，地方政府可以通过责任分包、网格动员和停水断电等措施，使可能超标的排污者在督察期间一律关停（情景2）以降低对地方执法的要求，缓和地方政府能力不足与排污企业数量大且监管难度高之间的矛盾，确保环保督察期间不出事或者少出事。对那些地方资源高、任务治理难度亦高的领域，地方政府可以尝试进行集中整治以减少督察中出错的可能，但如果经过尝试仍然不能杜绝问题或不能保证督察期间不出错，则仍会要求在督察期间进行"一刀切"关停（情景1）。

表7-2　　　　　　　　　　　解释框架

		地方政府资源	
		高	低
任务情境难度	高	情景1：集中整治或"一刀切"	情景2：倾向"一刀切"
	低	情景3：倾向集中整治	情景4：倾向集中整治

可见，在督察状态下，地方政府通过判断经过动员加强后的地方政府资源能否匹配具体任务监管难度，来选择采用"一刀切"还是集中整治。由此本书提出：

　　命题1：在环保督察中应对具体环境任务时，地方政府如果认为治理资源能够匹配该任务情境中的治理难度，则倾向于选择集中整治方式。

　　命题2：在环保督察中应对具体环境任务时，地方政府如果认为治理资源不能匹配该任务情境中的治理难度，则倾向于选择"一刀切"关停方式。

本书将以H省A县为例来阐释地方政府的行为逻辑，通过考察该县不同产业整治和J镇矿涌水等案例来分析地方政府资源与任务情境难度匹配程度对地方行为逻辑的影响。选择这些案例，一是考虑庞大的产业整治与单一矿涌水治理在监管对象数量上差异明显，有助于理解地方政府的选择逻辑；二是一部分产业整治经历了从集中整治到"一刀切"关停的历时变化，从中可以更好地理解地方政府行为逻辑的演变。笔者在2017年和2019年对该县进行了两次调研访谈，共访谈了环保局原局长、现副局长和工作人员等十余位环保系统官员，并对涉事的乡镇干部和企业负责人等进行了访谈。其间通过回访联系，持续跟踪了该县迎接中央环保督察和数次省内督察的过程和后续发展。

第三节 案例：环保督察下的 A 县

A 县国土面积大致为 1700 平方千米，总人口近 135 万人。该县过去主要以小制作加工型产业为主（如打火机、五金、箱包等），辖区内造纸厂、电镀厂、炼焦厂、原煤开采等"小散乱污"企业比较多。由于环保问题管理不当，该县曾相继被多家媒体作为反面典型事例报道过。从 2015 年 7 月中央通过《环境保护督察方案（试行）》，到 2017 年 4 月中央环保督察组进驻该省，A 县经历了多轮省、市直至中央的环保督察。在此期间，为迎接历次环保督察，该县迅速动员和协调各部门力量，进行了多次污染整治运动，建设了一批污染处理设施。与此同时，"关停"逐渐成为高频词。该县多次作出取缔、关闭、停产、限产等行政决定，对非法砖厂、黏土砖厂实施全面关停，对禁养区畜禽养殖场全部退养，对土法炼油厂、沟瓦窑、青瓦窑等推倒厂房、炸毁烟囱。[①] 可以看出，该县实际上经历了从以往负面曝光的松懈执法，到后来集中整治和严令关停并行的过程。在环保督察全国覆盖的背景下，深入观察这一典型样本，能够以小见大，呈现一些普遍性的特点，帮助理解地方政府的应对逻辑和行为选择。

一 矿涌水污染防治中的集中整治

A 县原是重要产煤县，在全省淘汰落后产能的背景下，J 镇 SQ 煤矿于 2016 年关停。由于事前未做勘察工作，地下含硫矿涌水从地表渗出，造成邻县径流区域的生产、生活和灌溉用水受到严重污染。省环保厅在接到邻县报告之后要求进行治理，但 A 县在设置临时装置、投放碱性化学物质进行中和之后并无进一步治理举措，问题发酵至次年。2017 年 3 月 2 日，时值该省即将进行中央环保督察，省环保厅厅长在接到群众举报后，亲自到 A 县和邻县实地察看污染情况后严厉要求市县两级加速治

[①] 资料来源于 2017 年《A 县环境保护工作情况汇报——在 A 县人大常委会会议上的报告》。

理进度,并召开紧急会议,组织环境监测、监察和应急等部门赶赴事发区域。

督察压力和高级别领导的关心带动了地方内部更高层级的重视和注意力,向下级部门释放出强激励和信号,挤压了地方谎报或隐匿实情的空间,迫使地方政府真正调动资源进行治理(练宏,2016)。A县县委书记带领县委常委班子、常务副县长、分管环保副县长和县环保、水利、财政、发改、农业、国土、安监、林业、卫计及相关乡镇等部门的一把手赶到J镇,与市环保局局长和副局长一同察看污染治理情况,并在J镇召开现场办公会,要求三天内拿出正式方案。3月8日县政府召开常务会专题研究建设方案,预算2000万进行应急处理并征用土地修建9个山塘,第二天便依方案开工建设。通过紧急出台文件和设立领导小组等方式,该县将日常由环保等职能部门负责的模式提升至县级层面加以统筹协调以调动行政资源,将环保、水利等部门和涉及的乡镇都纳入相关小组和机构,将任务分配形成政治压力并层层下达,从而打破部门壁垒,调动各部门资源和精力来匹配应急工作的要求(狄金华,2010)。

在随后的一个月里,A县进入了紧锣密鼓的集中整治阶段。环保局安排两队人马对工程建设进行协调和监管,县委政府各领导、相关部门及涉事乡镇负责人也轮流值守并多次连夜召开紧急调度会。至2017年4月中旬,河流断面取样检测显示水质已达标,矿涌水污染事件自此告一段落。这一污染事件中,污染情况和地域明确,相对治理难度不大,但地方政府最初不够重视。在上级督察压力下,该县一改常规的工作模式,通过纵向提升事权和横向部门整合等迅速增强了地方政府的应对资源,使之匹配乃至远超实际治理难度,从而实现在短期内完成整治的效果。

二 灰色产业与新旧产能并存产业:"一刀切"关停

该县在面对产业污染问题时,选择在多个产业实行"一刀切"关停,即不论企业是否有合法资质或达标排放,在环保督察前后将同一产业内的所有企业短期停产或关闭取缔。不同产业的关停原因略有差异,从中可以一窥地方政府选择"一刀切"关停的原因。

一类是证照不全的灰色产业。过去因地方政府重视经济发展和监管不严,一些不合规、污染风险高的企业遗留其中。例如,一些企业没有备案，有未批先建、证照不全、环评不规范和污染风险高的问题，甚至有些企业过去未被政府知晓和纳入监管。另有一些企业通过政企私人利益链条等非正式的途径，逃避、干扰环保部门对企业的正常监管。这些企业虽然违规却在运转，一旦被环保督察发现，地方官员难逃监管不力的问责，因此在督察开始前便被"一刀切"关停。该县环保工作的调研报告坦然承认存有不少这类企业：

> 我们县环保部门在审批企业项目中，也存在不少领导打招呼和干预的现象。还有些企业或项目没有办理环保审批手续就擅自投产，有的无证无照，有的虽有工商执照，但无环评手续。此外，在建设项目管理中存在漏报漏批、越权审批、多头管理的现象。①

另一类是遗留有落后产能的产业。2006年以来，随着国家政策规定的去产能环保措施，县财税贡献较大的焦化行业经历了三次产能改革，从最初土法炼焦"土窑子"形式演化成"蒙古包"炼焦形式，最后升级成规模较大的"机焦"生产形式。在升级完成后，前两种炼焦形式成为落后产能，理应淘汰。类似的还有造纸行业。2010年之前，该县的造纸行业属于纸浆型造纸，浪费资源且污染严重，按环保政策要求应全部淘汰，取而代之的是再生型造纸模式。但焦化和造纸产业在实际运作中淘汰落后产能均很缓慢，使达标产能与落后产能并存，甚至不少企业内部同时有新旧两种产能，不时出现落后产能复工的情况。这类新旧产能并存产业与灰色产业在平日里便埋下了政府难以摸排、信息不清的隐患和风险。地方政府在督察期间便直接"一刀切"关停这类产业，以防违规情况被发现。

三 洗水厂行业：从集中整治到"一刀切"关停

牛仔布洗水厂行业经历了集中整治过程，但污染仍不时超标排放，为此该县在环保督察进行时仍旧采取了"一刀切"关停的方式。该行业大约在2009年初由沿海地区转移至该县，带来很大的市场效益，但它的

---

① 资料来源于2017年《A县环境保护工作的调研报告——环境保护存在的问题及对策》。

运作也伴随着诸多环境污染，尤其牛仔布软化过程中使用的化学物品污染严重。2016年，面对日益增大的环保督察压力，县政府决定先将非法的洗水厂关闭，再按环保法律法规和环评规范重建一个洗水厂集团，将所有洗水布厂统一搬至新洗水布集团，废水统一由该集团污水处理厂处理。该治理经历了一番集中整治过程，包括领导重视、设立工作组、出台文件、选址建设以及环保与其他部门协作等，过程可谓轰轰烈烈，在设施标准和审批程序上均合格齐备。但即便新成立一家符合环保手续的洗水厂集团，整治后仍无法有效平衡经济利益和环境效益，继续出现排污时常超标的情况。虽然经历了集中整改，但这一产业时不时超标的问题使地方政府不敢冒险，便要求在环保督察期间临时关闭所有洗水厂。虽然企业有些抱怨，仍会选择配合政府。

> 有的时候废水达不到标准，还是有相应的超标排放现象，如果要求严格达到标准的话，这个运转成本特别高。所以有的时候上面督察啊，环保还是达不到标……乡、县里面告诉你督察组来了要停了，企业一听，那就停啦，多一事不如少一事……万一你和督察组说你这里没有问题，但是一检查又发现问题，你自讨苦吃。（受访者编号：20190226D）

第四节 "一刀切"抑或集中整治：选择逻辑与后果

面对上级环保督察的高压力情境，A县政府既采取了集中整治方法解决问题和承担责任，也采取了"一刀切"关停方式以规避责任。集中整治较多体现在项目建设和执法整治，而"一刀切"更注重在督察前后进行预防式关停，并强调网格内部的防守压力。虽然两者在政策的执行方式上差异较大，但都将原先环保等职能部门负责的工作模式提升到县级层面，通过纵向压力传导、网格化层层考核等形式分包责任，并在横向上动员环保和各个部门投入迎检任务。置身于高压的科层结构和制度环境，地方政府在面对不同环保任务时对两种执行方式的选择有其特定的逻辑，并带来不同的后果。

一　不同治理场景中地方政府能力高低

在环保领域，地方政府资源能否匹配任务情境的难度，主要表现在地方政府对排污者是否有足够的监测能力和执法监管能力。信息的不对称是科层体系上下级关系研究中的经典问题。监管部门要对被监管者实施有效监管，同样依赖于有效的信息获取与监控。但现实中，由于环保监管者与污染者在数量上的巨大差异，导致环保监管方对污染者的生产流程、环保措施和减排效果难以实现全覆盖的实时了解，时常面临信息失真的难题。过去该县环保部门处于一种相对弱势且人少事多的地位，严格执行政策的能力不足，出现一些消极执行或变通执行等问题。环保局副局长认为"我们是处于80年代的编制，但是做了21世纪的工作量，工作量翻了5倍……说实话，基本上也是被动性地应付工作了"（受访者编号：20171112J）。另外还有部分环保相关的职能散布在环保局以外的部门，分散了行政资源。

环保督察等带来的上级压力增强后，地方政府的资源和注意力逐渐向环保事务集中。地方政府在作出行为选择时需要考虑的不仅是目标要求，还需要考虑是否有能力实现。"不出事、少出事"是地方应对环保督察的首要逻辑（石磊，2020）。在可能的情况下，地方政府愿意优先考虑集中整治的手段，动员科层组织的相应资源完成环保督察所要求的任务，从而从根本上消除隐患。在矿涌水污染治理的类似任务中，借助领导重视、文件下发、部门整合、现场办公和密集汇报等手段，地方政府能够动员资源，畅通上下级信息渠道，使经过动员强化后的政策执行资源可以匹配这些任务，起到有效监管和防治的效果。

但是，当地方面对诸如历史遗留问题多、排污企业星罗棋布、污染风险大的环保事务时，则倾向于采取"一刀切"关停做法。案例中该县许多传统行业都面临整改或淘汰的问题，政策遗留下的"小散乱污"众多。政府与企业之间信息不对称程度深，监测能力有限，不能完全掌握地方企业的具体生产情况。如该县环保局调研报告承认："环保执法力量相对不足，点多、面广、战线长，监控困难，难免顾此失彼……许多地方还不具备运用高新技术对污染企业实施 24 小时自动监控的能力。"① 地方政府针对性地防污减排需要以全面有效的信息为前提，无法获取精确可靠的信息便难以监管，整改效果和达标排放也就无法保证。地方政府在审视自身的有限资源与庞大的排污企业数之后，认为自身的能力不足以保证在督察进行时完全达标，则会倾向于要求有排污风险的行业关停，以减少在督察时发生污染超标或事故的可能。正如两位官员所言：

> （一刀切原因是）地方工作力量配置和目前任务要求之间存在问题啊，事太多、工作节奏太快，没有时间思考怎么分类推进，有时也缺乏精准施策的能力和水平，这也是客观实情。（受访者编号：20190228H）
>
> 实际从另外一个角度看，说明各级工作人员对下面的环保状况是没有概念没有底的……如果心里有底，通过多次的明察暗访，确实发现企业是符合环保要求在操作，那不管上面督查来不来，我就毫不犹豫知道哪些企业有事哪些企业没有事，就不会出事啊。（受访者编号：20190227B）

有研究指出，中央的国家能力不足，不能有效和实时监测地方政府是否严格执行环保政策，是过去中央对地方不时发起环保专项整顿的原因（van der Kamp，2021）。中央在整顿中通过制定简单的"一刀切"标准，能够方便知晓地方的执行效果，缓和自身对下级信息监测和控制不足的困境，从而在一定程度上约束地方的行为。该研究主要从中央层面的国家能力角度探讨，而过去这种中央采取"一刀切"标准的方式如今已被环保督察下地方政府自主进行的"一刀切"关停所取代。虽然主体和时间发生变化，但在解释逻辑上却相似。

当前的环境信息监测已经普遍依赖技术赋能，但不同的治理场景意味着不尽一致的技术要求（吕德文，2019）。在监测能力足够的情景任务下，如案例中矿涌水污染，由于污染地点明确，地方政府能够较轻松地

---

① 资料来源于 2017 年《A 县环境保护工作的调研报告——环境保护存在的问题及对策》。

实现国家权力的在场，从而使监测监管更为精准和有效。而在监测能力不足的情景中，如地方政府面对诸多潜在超标污染企业时，地方政府的国家权力无法识别和监测每个排污者。欲缓解这些任务场景中监测资源不足与庞大监管数量间的张力，在日常执行中尚可采取随机抽查或选择性执法。而在环保督察的高压力情景中，选择"一刀切"关停，便可以采用简单方式降低对地方监测和执行能力的要求，缓解人少事多的不匹配困境，还能通过单一却看似"公平"的办法减少那些灰色产业和新旧产能并存企业的说情空间（石磊，2020）。

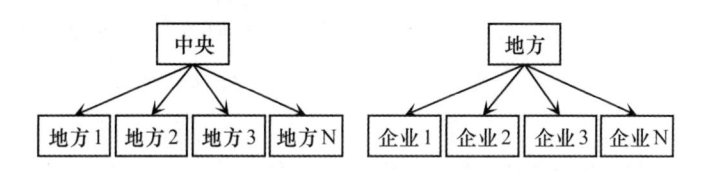

图 7-1　中央对地方监测情景与地方对排污者监测情景类比

二　避责心理

避责心理和行为普遍存在于政府科层的行政过程中（Weaver，1986）。身处上下级的权责分立结构中，地方官员是风险厌恶的，如果压力和激励机制设计不合理乃至过度，可能使地方官员消极怠工，尤其在完成一些存在较大不确定性风险的任务时，会触发他们的避责心理，采用各种策略来避免被追责和批评（倪星、王锐，2017，2018）。基层环保事务具有复杂性和多样性，基层政府精准监测能力的欠缺导致基层政府领导和行政人员在面对不确定性陡增的风险时，倾向策略式地规避直接责任和潜在责任（张国磊等，2020）。自环保督察开始以来，该县环保局50位人员中已有8位因历史遗留问题或执法不力等受到处分。一些企业证照不全和非法排污，地方限于有限资源难以全部禁止，未必是刻意纵容造成。但由于环保督察责任到人，追责严格，凡是被发现的责任问题，分管领导和基层人员都要背负处分。地方官员都害怕自己成为下一个受处分者，"说到底还是会考虑自己的政治生涯，说白了是头顶那个帽子啊"（受访者编号：20190228H）。有了这些前例，该县在督察期间便倾向于暂时关停区域内风险较大的产业以规避潜在责任风险，而不顾其中一些企业的合法权益。避责心理实际上与"一刀切"关停在发展顺序上有先后联系。一位镇长和一位环保监察大队长分别言道：

> 事实上，体现了一个问题就是不作为，就是不管你下面符不符合环保要求，反正上面这个督察一来了，你就先停啦，反正都停了的话，查起来就都没有事啦，没有环保事故的出现，就没有环保的压力和责任。（受访者编号：20190227B）

> 本身有些企业没有什么污染或者污染程度很轻的，也要停下来，他（县里）怕发生意外啊，出问题谁来担责任啊……都是怕担责任，县里面怕担责任，咬住乡镇，乡镇如果出问题了，我就处理你。那干脆都停了，就不会出问题。（受访者编号：20190227Z）

技术治理中的不确定性也强化了地方的避责心理。污染监测和治污高度依赖技术设备，但排污者和公共治理设施的设备故障问题却不能完全避免，并且各种污染类型包括水、气、声、渣等介质在处理技术上差异很大，技术设备可能存在故障和超限破坏等情况，容易受人为和天气等自然因素影响，在诸如停电、暴雨状况下容易带来暂时性的超标问题。一位地方官员形容这些不确定性时比喻："我们这是'八面来风'啊，不知道哪天就被吹掉帽子了。"（受访者编号：20171112C）虽然可以通过大量增加人员和技术设备来减少风险，可即便如此，也无法保证一定不超标。地方政府试图在这些不确定性中寻找确定性，只有停止企业生产才能保证一定不出错，由此一律关停便成为一个可以理解的选择。

三　差别应对的后果

地方政府的差别应对方式会带来不同后果。集中整治虽然也不时被诟病过于强硬，但只要这种做法合理适度，客观上有助于排污达标和产业升级，是国家为加快淘汰落后产能和推动供给侧结构性改革而明文支持的（生态环境部，2018）。"一刀切"关停的负面后果则较多。依据国家行政处罚相关法律法规，行政机关关停企业时必须遵守程序，包括"告知、申诉、听证、改正、判决"等法律程序，但在实际中，地方让企业"一刀切"关停是"去制度化、去法律化"的。正如该县原环保监察大队长所言:"(一刀切)可以说是违反程序的做法……关停一个企业是有申诉期和改正期的嘛……那种我要你停你就停,没有一点法律观念的。"(受访者编号:20190227Z)在行政资源有限的情况下,"一刀切"虽然表面上完成了上级要求的目标任务,却导致政府与公众关系异化,伤害合法企业和劳动者积极性。为应对上级压力和防范可能出现的责任问题,地方政府对企业采取"命令—配合式"强制关停或者非正式关系的"商议—配合式"临时关停。简单强硬的做法一方面挫伤了合法生产企业的权益,另一方面也不利于建立有效的日常监管体系,甚至可能造成一种地方政府和违法排污企业一遇环保督察便关停的共识型、权宜式应对举措。在督察结束后,一部分被关停的企业可能彻底关闭,但另一部分仍有利可图者便自行恢复生产。长此以往形成政府与公众既强制又默契的权宜行为,形成"地方政府能力受限导致难作为—督察开始就'一刀切'关停企业—督察结束便放松"的模式,并循环上演。

另外,地方政府的应对选择并不直接取决于事件本身的大小,而是综合了上级关注度、督察压力以及本级能够协调的资源大小、具体的任务治理难度等,带有很大的自主裁量空间(Liu et al., 2015)。集中整治和"一刀切"治理都是短时行为,时常采用类似措施不利于地方政府环保治理行为的制度化。环保督察目前已经常态化,地方政府也相应将一些有效治理手段常规化了。但如果地方仍一味满足于在督察进行时采取运动式治理举措,任由避责行为的"一刀切"关停等非制度化行为蔓延,继续陷入执行各类变通的困境,则环保治理效果的提升仍旧是短暂的。在风险和责任的双重压力下,地方政府如何进行政策选择也会变得愈加谨慎,造成地方不敢担当和作为。

第五节 小结

地方环保"一刀切"导致企业和公众怨声载道,也引起了中央的重视。生态环境部相继出台文件强调要对排污企业和行业"分类施策",采取精准治理:对于合法且排污达标的,不得采取集中停产整治措施;对于合法但未达标的,应当根据具体问题采取针对性整改措施;对于非法且不达标的,应当依法严肃整治(生态环境部,2018)。过去对环保"一刀切"的关注多停留在新闻报道上,其中的逻辑机制与过程尚未得到微观层面的学理探究。本书对"一刀切"的讨论与常见的集中整治方式的比较,丰富了运动式治理的类型划分。理解"一刀切"为何产生且屡禁不止,有助于遏制这种不合理行为。

不同于以往对地方政府行为研究中已经广泛论及的科层压力和激励机制,本书将地方政府资源和具体任务情境中的治理难度纳入了地方政府政策选择的考量。通过对 A 县的实地访谈调研,发现在环保督察压力下,地方政府在应对一些具体环境任务时,如果认为治理资源能够匹配该任务情境中的治理难度,便倾向于选择集中整治方式。而在应对另一些具体环境任务时,当地方认为其治理资源不能匹配该任务情境中的治理难度时,则倾向于选择"一刀切"关停方式。基层政府的不同选择,不仅要考虑上下级科层结构中的压力大小和责任风险问题,还需要权衡地方政府资源与治理情境难度的匹配程度。本书探究了影响基层政府选择不同政策执行方式的原因与内在机制,有助于推进对基层治理运作模式的理解。书中案例仅局限在中部某县,而各地间环境承载能力、产业结构和历史遗留等差异较大,使不同地方的环境治理难度和督察压力感知随之而变,因此本书的发现只能对全国的普遍情况做审慎推论。督查制度作为中国政府组织运作体系中目标管理责任制的核心内容,如何设置使其更为合理,还需要未来进一步思考。

第八章

地方环保机构垂直管理改革
何以提升执法强度

国家重视生态环境的保护工作,要求用最严格的方式保护生态环境。但过去长期以来,环境保护部门作为地方政府的组成部门,职能、机构和编制"三定方案"均依赖于地方政府,这种以块为主的管理体制容易导致地方政府对环保业务的干预。为了解决这些问题,2015年10月,中央提出要实行省以下环保机构监测监察执法垂直管理制度。2016年9月22日,中央印发《关于省以下环保机构监测监察执法垂直管理制度改革试点工作的指导意见》,提出将省以下监测监察职能上收并下放环境执法职能,将"条条"的权力向上集中,剥离"块块"的属性,由省环保机构实行垂直管理。

地方环保机构垂直管理改革意在调动"条"的积极性,减少环境部门履职中的地方干预,增强环境执法的独立性和有效性,加强跨区域、跨流域环境执法和治理,对深化行政体制改革、完善生态环境保护体制具有重要意义。本章从条块关系和政府间关系的角度出发,通过比较C县环保机构在垂直管理改革前后的政府组织模式及政企监管模式的变化,探讨了环保机构如何在垂直管理改革后提升执法效能。本书以小见大,对省以下环保机构垂直管理改革效果进行深入分析,也为其他部门垂直管理改革提供参考和借鉴。

省以下环保机构垂直管理改革的实行,有利于通过基础制度改革来改善环境治理领域的执法问题,增强环境执法的统一性、权威性和有效性。环保垂直管理改革后,环保机构与地方政府的权力和职责都发生了变化，地方政府的环境话语权下降，在环境治理中的受监督力度增加了。在垂直管理实践中，环保机构加强了与地方政府间的合作，改变了政企监管模式。地方政府也借环保机构垂直管理改革的外部压力和机遇来努力转变发展方式。

第一节　概念与文献综述

一　垂直管理相关概念

从中央到地方纵向上在各级政府中职责分工相似的部门关系是所谓的"条条"关系。"条条"关系可以分为两类：第一类是业务指导关系；第二类是垂直领导关系，即通常所说的"垂直管理部门"，如海关等机构。垂直管理的主要特征有：第一，地域设立在地方。垂直管理部门作为上级的分支机构或派出机构，由于业务的需要，虽设在地方，但不归地方政府管理。第二，执行上级主管部门的命令。实行垂直管理部门的下级部门需执行上级主管部门传达的各项工作任务，并直接向上级部门汇报工作，接受上级的考核及监督检查。第三，较为灵活多样的设置特征。垂直管理部门可以设置由中央部门垂直管理或省以下垂直管理等。

省以下环保机构监测监察执法垂直管理，是指省级环保部门对全省环境保护工作实施统一监督管理，市级环保部门实行以省级环保部门领导为主的双重管理体制，县级环保部门作为市级环保部门的派出机构。以上管理制度包括四层含义：一是生态环境部与省级环保部门的指导关系不变，省级环保厅仍然是省级人民政府的组成部门。二是将监测、监察、执法等行政管理权上收到省级环保部门，而市县两级环保部门的其他环保行政管理权并未上收。三是市级环保部门仍作为同级人民政府的组成部门，省级环保部门就市级环保部门在监测、监察、执法等行政管理权上实行名义上的领导。四是县级环保部门作为市级环保部门的派出机构，由市环保部门直接管理，领导班子成员由市环保部门直接任免。

在环境监测领域，垂直管理改革前实行的是四级环境监测管理机制，从上到下分别为环境监测司、环境监测处、环境监测中心、环境监测站。上级环境监测机构仅对下级环境监测机构进行业务指导。垂直管理改革后，市级环境监测机构直接上收到省级，领导班子成员由省生态环境厅任免，现有县环境监测机构随县生态环境局上收到市级，接受县级生态环境局领导，业务上接受省级、驻市环境监测机构指导。

在环境监察执法领域，垂直管理改革后，市级环境执法支队仍属于市环保部门管理，县级监察执法科室随环保部门一并上收到市级，作为市级环境执法支队管理的执法大队，对接市级执法工作，接受县环保部门领导。

二 研究回顾

条块关系是研究中国政府间关系的基础。"条条"是中央到地方的纵向职能部门。"块块"是属地政府分级横向管理运行的模式。在地方层面，"条条"和"块块"按照相应的业务运作，导致中央的政策和指令运行方式不同。长期以来，我国行政管理体系的主要模式是"以块为主，分级管理"的属地管理。这种模式下，地方政府容易被经济增长压力和地方保护主义影响，导致环保政策执行效果不佳（曾毅，李月军，2013）。通过将块改为条的垂直管理，中央可以更好地遏制和纠正地方的偏差行为（沈荣华，2009；Mertha，2005）。

2015年10月，党的十八届五中全会提出省以下环保机构垂直管理改革后，不少学者进一步对环境保护领域的垂直管理制度改革进行了研究。学界较多从内涵、定义、对策、实现路径、模式、效果和存在问题等角度进行研究。这些研究指出，垂直管理需要处理好一系列的关系，包括原体制与新体制顶层设计、环保部门与相关部门、环保条条与地方块块、改革与稳定和队伍建设等（吴舜泽，2016）。一些学者相应提出了多种环境监测垂直管理模式（刑树威，2017），并围绕着垂直管理制度的方向与主线，讨论改革方案的方向、具体实施路径（吴舜泽、秦昌波，2016）和执法体系等（敖平富等，2016）。环保机构垂直管理改革制度实施后，地方环保部门的职责、主管部门和履责方式均发生了改变，改革及新体制实施会带来不同的问题。学者们指出垂直管理改革可能使县级政府与基层环保部门关系微妙（熊超，2019），并可能带来地方各级政府之间权力配置不均和各级相关部门难以协调等问题（孙畅，2016）。应对这些问题，可以从完善管理机制、协调垂直管理部门与地方政府的关系和建立健全内外监督体制等进行。

三 既有文献评述与分析视角

许多既有研究都指出，地方的污染问题过去长期难以得到有效解决的重要原因是政策执行偏差，并都指向了"块块"关系的不利之处。环保垂改正是试图调整"条块矛盾"的纠偏尝试。对于省以下环保机构监测监察执法垂直管理制度改革的研究，多数起步于垂直管理改革开始的2016年，目前还有许多有待扩展之处。一方面，在对集权和分权的研究中，大多学者是论述央地分权或集权的理论研究，但是对垂直管理制度究竟如何对地方治理产生影响，目前的研究还较少。另一方面，对环保垂直管理制度的现有研究多数倾向于从理论和规范角度解释环保垂直管理制度的实施路径、效果或存在的问题，较少结合实际工作来分析环保垂直管理对地方环境治理的作用以及对执法效能的影响。这两类研究还较少从改革后的实际案例中研究垂直管理对地方环保治理如何产生影响。考虑到改革后的环保垂直管理体系目前仍处于初步阶段，其运作过程和具体效果还有待探索。

从组织社会学和行政组织理论的角度看，行政组织环境、组成要素和内部结构等共同决定着行政组织的性质和功能。组织结构中各构成要素之间的相互关系是组织管理的能力得以发挥和应用的前提。现代组织理论充分肯定了专业分工的必要性，但也重视组织机构和层次的问题，目的是寻找并建设更适合当代需要的组织结构。这些为垂直管理改革提供了理论依据（刘坤，2008）。如果一味强调分工而忽视协调约束，将导致环保责任无法落实。从委托—代理理论来看，委托人和代理人的追求目的常常是不一致的，上下级双方可能存在着博弈。上级委托人更追求的是环境的良好治理，而地方代理人可能更愿意为经济发展而对环境适当妥协，导致二者间产生一些目标冲突。这时仅仅依靠职责分工不足以解决问题，需要对内部委托—代理关系中的激励、压力和控制等方式进行调整，从而更好地约束代理人的行为。环保机构垂直管理改革正是从组织层级、协调和约束等方面入手，变结构、变体制、变人员，是一种组织结构重大变革的实际操作，因此需要注重组织重构后的整合和协调，达到内部协作的一致性和系统性成效。

有鉴于此，我们将通过具体案例，以过程性的视角来呈现和阐释这些学理。本章将主要以 C 县环保机构垂直管理改革后的两个具体执法案件为例。第一个案例是 C 县 2019 年以来关闭工业园区外 1342 家石材厂，对比分析了 C 县环保垂直管理改革前后的政府组织运作模式和行为逻辑。第二个案例是刘发电镀厂未批先建严重污染环境的刑事案件，对比论述了 C 县环保机构政企监管模式的演变。我们对市、县两级环保机构的相关执法人员进行了访谈，对象包括 A 市生态环境保护综合执法支队执法人员、C 县生态环境局执法大队和环境监测站分管领导、C 县生态环境局综合股股长、C 县生态环境保护综合执法大队二队队长和执法人员等。这些案例和访谈从基层环保工作人员的角度出发，对机构垂直管理改革究竟为何能够提升执法强度进行讨论。

第二节　C 县环保机构垂直管理改革历程

一　垂直管理改革前基本情况

垂直管理改革前，环保职能部门按层级分为国家环保部、省环保厅、市环保局和县环保局。各地方的环保部门为当地政府的下属部门，受当地政府领导。每一层级的环保部门接受本系统的上级职能部门和属地政府的双重领导，例如，市环保局接受省环保厅的业务指导，同时在人、财、事等方面接受当地市政府的领导，各县环保局也接受市环保局和所在县政府的双重领导。C 县环保局作为 C 县政府的成员单位，人、财、事均由县政府管理，接受 E 市环保局和 C 县政府的双重领导。C 县环保局的人事任免由 C 县政府决定，而 C 县环保局在业务上接受 E 市环保局的指导。在机构的设置上，垂直管理改革前，C 县环保局的科室较分散，一共有 15 个科室，主要科室有人秘股、财务股、监理所、生态办、监督股、污防股、审批科、环境监察大队、监测站，同时在 C 县的九个乡镇（场、区、办事处）设置了 6 个环保站进行管理。

垂直管理改革前 C 县环保局的主要职责有以下几点：第一，贯彻落实环保法律法规和政策，参与拟定地方性的法规、环境功能区划和污染防治规划等。第二，开展区域内的环保相关的执法检查，进行水、气、土、噪声、固体废弃物等污染防治工作，组织环境质量和污染源监测；组织实施对企业环境行为的评价和公开工作。第三，综合协调。包括落实污染物减排目标，组织开展排污权有偿使用和交易工作，加强环保宣传等。垂直管理改革前，C县环保局的业务相对集中在监察、执法和监测等专业性较强的核心业务，这类业务与地方环境质量联系紧密。图8-1表示了C县环保局垂直管理改革前的纵向组织关系。

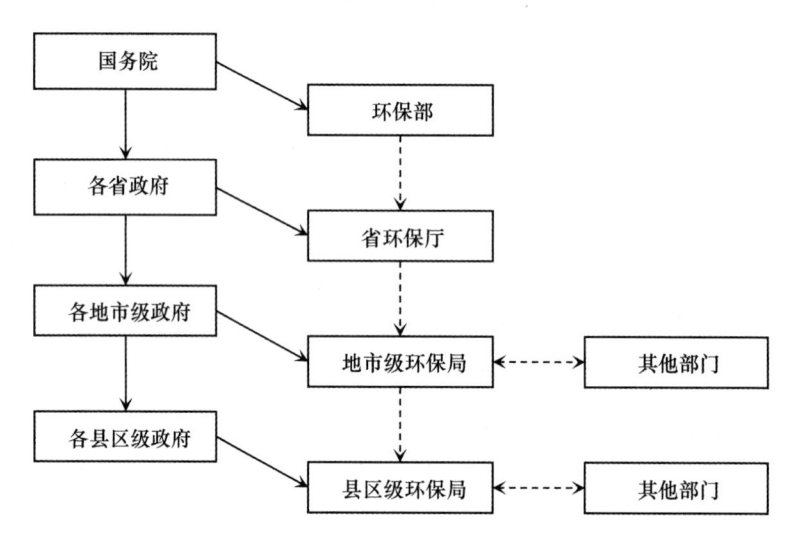

图 8-1　C 县环保局垂直管理改革前在政府组织体制中的结构位置

注：单向实线表示领导关系，单向虚线表示业务指导关系，双向虚线表示协作关系。

二　C 县环保机构垂直管理改革后运作模式

2018年2月26日，E市人民政府办公室印发了E市环保机构垂直管理改革的工作方案，拉开了E市及C县的环保垂直管理改革序幕。2019年1月1日，C县环保局正式实施了环保垂直管理制度，C县环保局不再是C县政府的成员单位，而是上收到市级，作为市环保局的派出机构，由市级承担人员和工作经费，具体工作接受市生态环境局领导，C县环保局正式更名为E市生态环境局C县分局（简称C县生态环境分局）。在市生态环境局制定了垂直管理改革三定方案后，C县分局于2019年4月对全局的科室进行调整，从而在业务上与市生态环境局的科室一一对应。调整后，原来派驻在9个乡镇（场、区、办事处）的6个环保站收回局里，由环境监察大队统一管理，同时改名为C县生态环境保护综合执法大队并分成三个队。其他科室也作了调整，分别是人秘股、法规股、综合股、执法大队、环境影响评价与审批股、自然生态保护股、水生态环境股、大气环境股、土壤环境股、应急管理股、环境监测站。人员编制有行政编制、参公编制、事业编制、聘用制等形式，垂直管理改革后已由市生态环境局完成了人员编制认定。为体现环境监测和环境监察执法的重要性，C县生态环境保护综合执法大队和环境监测站分别提升为副科级单位。同时，根据中央机构改革方向，C县生态环境保护综合执法大队整合了国土、水利、农业等部门的相关污染防治职能和执法职责，由E市生态环境局统一管理和指挥。

垂直管理改革后，C县生态环境局实行"局队合一"的管理体制，强化行政执法职能，改变了以往重审批轻监管的管理方式，把更多的行政资源从事前审批转移到事中和事后监管上，在执法岗位上增加人员编制，同时严格内部的执法流程。C县环境监测站也随C县生态环境分局一并上收到市生态环境局。调整后，C县生态环境保护综合执法大队对应省厅的相关处室是省监察监督办、执法总队，对应市局的相关科室是执法支队。C县环境监测站对应省厅的相关处室是生态环境监测处、监测中心站，对应市局的相关科室是市环境监测中心站、监测与应急科。下图显示了垂直管理改革后的纵向组织关系，垂直管理改革后县政府与C县生态环境局的主要关系是相互议事和统筹协调。

可以看出，垂直管理改革后，C县生态环境分局调整为市生态环境局的派出机构，所有科室收归市生态环境局直接管理。特别是县生态环境分局执法大队和环境监测中心两个核心科室分别收归市环境执法支队和省驻市环境监测中心，使地方环保部门的监测、执法和监察三大类核心业务不再依附于地方政府的组织框架，保障了环保机构运作的独立性。县生态环境分局不再是原先对市环保局和C县政府同时负责的双头领导模式，而是转变为侧重对市生态环境局负责的模式，并且县生态环境分局的人、财、事都由市生态环境局负责，消除了地方政府在人事、财务方面的地方保护主义对环保业务的影响，保证了县生态环境分局运作的独立性。

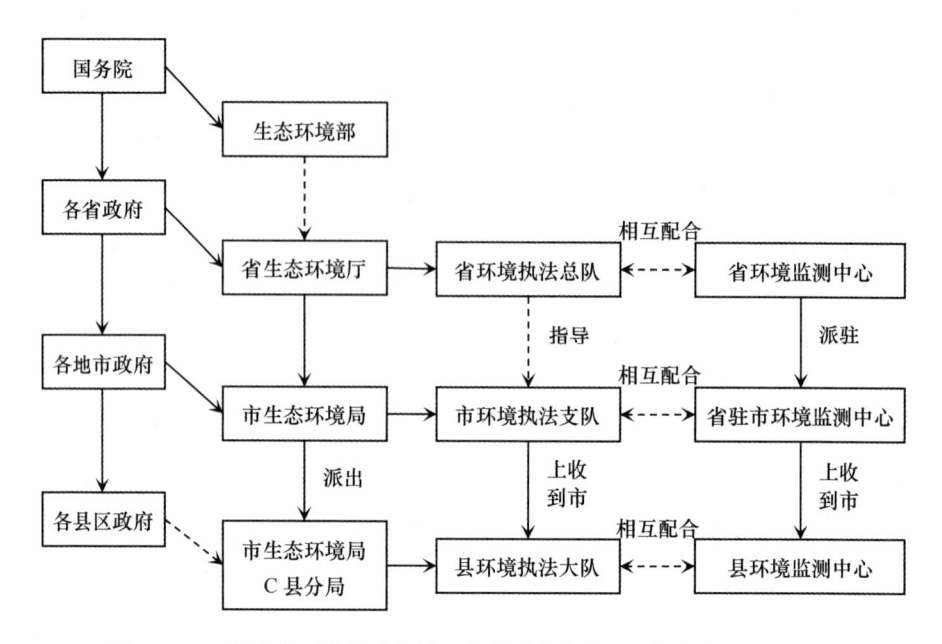

图 8-2　C 县生态环境局垂直管理改革后在政府组织体制中的结构位置

注：单向实线表示领导关系，单向虚线表示业务指导关系。

在市一层级，垂直管理改革后，市生态环境局实行以省生态环境厅为主的双重垂直管理体制，市生态环境局仍然为市级人民政府的组成部门，人、财、事由市级政府负责，省生态环境厅就市生态环境局在监察执法的行政管理权上实行名义上的领导。同时，省生态环境厅向市生态环境局派驻省驻市环境监测中心，原先市生态环境局的环境监测中心的人、财、事直接划归省生态环境厅管理，保障监测机构的客观性和数据的准确性。在人事任免上，市生态环境局局长、副局长由省生态环境厅提名，并与市委、市政府的相关部门共同考察，最后由市级政府相关部门负责市生态环境局局长的任免；而市局党组成员的任免是由省生态环境厅党组负责，但要提前征求市委的意见；县生态环境分局的领导班子由市生态环境局负责任免；同时统筹环保系统内部干部的交流和任免。

垂直管理改革后，市生态环境局保留了双重管理模式，但由"块块为主"的模式改变为"条条为主"，主要接受省厅的领导，而市环境监测机构转变为省驻市环境监测中心，人、财、事由省厅管理，实现了垂直管理。由此看出，本次地方环保机构的垂直管理改革，并不是完全意义上的垂直管理，省以下环保机构中只有市级监测机构完全实施了省以下垂直管理。同时，随着县环保机构的上收，市级环保部门的权力进一步扩大。因此本次垂直管理改革是一次省以下的环境治理结构改革，改革针对的是县级环保部门在工作中存在的问题与偏差。

第三节　C县环保垂直管理改革的案例

C县是福建省E市内的一个县，面积900余平方千米，2020年常住人口22万人。该县机械、造纸等产业具有一定规模，工业类型较多，环保监管数量大、任务重。该县曾经有上千家石板材企业，在环保督察的压力下，大规模关停了不合格的污染企业，并在环保垂直管理改革的新体制下，持续保证了对石板材等行业的有效监管。下面将从石板材行业监管的角度首先讨论环保垂直管理前后的政府组织模式差异，然后以刘发电镀厂为例，讨论环保垂直管理前后政企监管模式的演变。

一　C县环保垂直管理前后的政府组织模式

（一）C县环保垂直管理前的组织运作

C县拥有丰富的矿产资源，主要有吴田山矿区和南坑矿区两个开采矿区，2000年以来开始了大规模的开采，有1350家石板材企业，每年的纳税额十分可观。然而，由于缺乏集中规划，只有8家石板材企业位于工业区内，1342家石板材企业位于工业园区外，产生较多的环境污染问题。由于吴田山矿区距离活盘水库饮用水源较近，部分石板材企业还造成了饮用水源污染。

一方面，在垂直管理改革前，C县环保局为C县政府的组成部门。地方政府直接"块块"分管环保，环保部门的机构运作依赖地方政府的财政拨款，人、财、事都由C县政府管理。由于石板材企业是纳税大户，在经济发展考虑和以GDP为主的政绩观影响下，地方政府轻视环境保护，导致环保机构的环境监管和执法不够严格。例如，石板材企业用水量较大，容易造成水体污染，环保标准要求石板材企业生产废水全部回用于生产。但在地方保护主义的干预下，C县环保局对这些石板材企业的监管较少采取严格的行政处罚和行政强制措施，更多只是要求企业进行环境污染问题整改，从而出现不少生产废水的偷排漏排现象，环保执法出现松懈和选择性执法等现象。

另一方面，基层环保部门在地方职能序列中处于尴尬状态，人手紧缺、经费紧张，执法容易受到地方保护主义的干预。同时，垂直管理改革前，在面对更高层级部门检查石板材企业时，基层政府、环保机构与它的直接上级政府和部门存在着共谋行为和暂时关停以应付检查等行为。

(二) 石材行业的大规模整治

2015年10月，中央提出实行省以下环保机构垂直管理制度，并在此前后陆续开展环保督察工作。环保机构垂直管理改革和中央生态环境保护督察的双重压力强化了环境政策的执行力度，也使地方政府开始转变经济发展方式，加大了对生态环境保护的重视。2017年进行的第一轮中央环保督察对C县吴田山矿区进行了现场踏勘，发现矿区内部分石板材企业位于饮用水源二级保护区，存在环境污染问题。为此，C县于分别于2017年和2018年底彻底关闭南坑矿区和吴田山矿区，并采取断水断电的措施，彻底关闭位于矿区内的多家采矿企业。此举牵一发而动全身，使1000多家石板材厂失去了稳定的石材原料。2019年，在中央环保督察反馈问题举一反三整改和环保机构垂直管理的双重压力下，C县政府决定全力开展"零排放、大整改、规范化、全监管"的石材加工企业综合大整治行动，关闭全县工业园区外1342家石材加工企业，同时对于工业区内的8家石材加工企业开展整治提升工作以及石材工业集中区规划工作。

县委、县政府高度重视，与环保部门加强合作，把石材行业综合治理工作作为一项重要政治任务，通过专题会议多次讨论整治方案，并经过县政府常务会、县委常委会研究，于3月22日出台《C县推进石材加工企业综合大整治工作方案》，成立县整治工作领导小组和"4+1"工作组，强化领导责任、属地责任和分工责任。由县"石材整治办"加强督查督办，县委政法委、公安局、工信局、自然资源局、生态环境局、应急局、市场监管局和相关镇等进行配合。

县政府于3月25日出台《C县建筑饰面石材加工企业关停退出奖励办法》，在有限的财政预算内拨付3.1亿元专项资金，对关闭退出的企业给予奖励。3月27日，县委、县政府召开全县石材加工企业综合大整治工作动员部署会，明确关停时序。该整治迅速开展，到 4 月 17 日，1342 家企业中累计已签订关停拆除协议的占 99.93%，其中签订一级拆除标准（厂房、生产设备等全部拆除）846 家，签订二级拆除标准（只拆生产设备）495 家。与此同时，做好拆除关闭石材厂的合理善后工作：配合属地乡镇有效消化处理遗留废石料、废石渣，对拆除企业周边环境整治进行探讨规划，避免二次污染。引导符合条件的石材企业整合进驻集中区，推动石材产业转型升级。同时全力化解劳资、用地、债务等矛盾纠纷，确保社会安定稳定。

环保机构垂直管理后，县政府、环保机构和其他部门加强了合作，使本次石材加工企业综合大整治取得了重要成果：一是快速完成了工业园区外 1342 家石材加工企业的拆除及验收工作，累计发放奖励金 29683 万元。二是完成工业园区内 8 家石材加工企业的专项整治工作。对手续齐全的这 8 家石材加工企业，根据生态环境分局牵头制定《C 县石材加工企业规范建设要求》，予以停业限期整改，完成整改并通过验收后，全部恢复生产。三是成立工作专班，全力推进集中区规划工作。全县拟重新统一规划 2—3 个石材加工集中区，建设规范标准的厂区，使大气、水、噪声、安全生产等全面达到整治要求。

（三）C 县环保垂直管理后的组织运作逻辑

垂直管理使环保部门与县政府的权责关系发生了质的变化。垂直管理后，县生态环境分局作为市生态环境局的派出机构，不再是县政府的组成部门，不受县政府的管理，更多执行的是上级环保部门的环境管理职责。县政府对生态环境分局主要是合作和参与，无法再通过行政手段对环保部门的工作进行干预。此举实现了县环保机构在业务属性上的回归，使县政府受环保部门的监督。

该县开展石材加工企业综合大整治工作的案例体现了这一权责关系的变化。环保治理由垂改前的较为松懈转变为垂改后明显提升。垂直管理后，C 县生态环境分局作为市级环保机构的派出机构，人、财、物不再受地方的掣肘，环保行动更具独立性，也使得地方党委政府缺少了环境管理的"眼睛"和"腿"。因此，地方党委政府为更好地落实"党政同责、一岗双责"的要求，加大了与环保机构的合作，这也是"条条"与"块块"之间相互合作的过程。在县政府和县生态环境分局的合作之下，

C县顺利地完成了石材加工企业综合大整治目标和任务。在案例中，C县的县委、县政府起总牵头的作用，而环保机构作为业务指导部门，主动对接县委、县政府，对此次石材加工企业综合大整治行动提出了许多建设性的意见，并抽派多位执法人员加入新成立的"县石材整治办"和"4+1"工作组，全力支持大整治行动。同时，工业园区内8家石材企业的专项整治工作主要由生态环境分局牵头，县里有关单位密切配合，督促园内企业在大气、水、噪声、安全生产等方面全面达标，先行完成提升工作。生态环境分局还加大对综合大整治行动的宣传，通过入户走访、媒体宣传等方式，着力破解群众关于"一刀切"的认识误区，形成部门推动、业主配合、社会监督、全民推进的氛围，确保整治工作顺利开展。

整治工作中，县政府和环保机构的合作有着共同的目标。这些举措不仅贯彻中央关于生态文明建设的决策，也有助于提升全县生态环境质量。一方面，生态环境质量已成为地方政府绩效考核和环保目标责任书考核的一个重要方面。环保机构垂直管理改革后，地方政府的环境话语权下降，受监督力度提升，因此迫切需要与生态环境分局加强合作；另一方面，地方面临着发展转型压力，过去粗放型的发展方式已经不再可行，借着环保垂直管理改革的外部压力，可以转变经济发展方式。正如A市生态环境保护综合执法支队执法人员和C县生态环境保护综合执法大队执法人员所说：

> 从整个国家的政策和新规定看，全国上下对生态环境的保护越来越重视，地方政府也不得不转变原有的观念，慢慢开始重视起生态环境保护工作。（访谈编号：MF20191225）
>
> 保护生态环境是一个地区可持续发展的生命线。不论是否改革，我感受到的是政府对生态环境保护越来越重视了。（访谈编号：XJ20191225）

二 C县环保垂直管理与政企监管模式的演变

（一）C县环保垂直管理与政企监管模式的演变

过去在地方环保事务中，政企监管模式较为宽松。地方环境监管和执法的主要责任是检查企业是否严格配套污染治理设施，是否有违法排污行为等。在垂直管理改革前，由于基层环保部门处于上级环保部门和地方政府之间的"夹心地带"，基层环境执法不可避免地受到地方政府的干预。一方面，上级环保部门负责业务指导和督查，另一方面，地方环保部门的人、财、事由地方政府管理，容易出现环保部门在企业检查和执法中受到地方政府干预的现象，造成环境监督执法权威被削弱，使政企监管模式较为宽松。许多企业具有复杂的社会关系及历史遗留问题，基层环境执法面临着企业多、种类多样、执法问题多而复杂的局面，且基层执法人员不足，执法压力较大。

垂直管理改革后，C县环保局不再是地方政府的组成部门，环境执法时地方保护主义的干预减少。县级监督执法部门由此可以更严格地维护执法权威，组建专职的执法队伍，及时发现和处置相关损害环境的违法行为，对一些环保意识薄弱的企业形成威慑，从而使政企监管模式趋于严格化、专业化。

在垂直管理改革后环境执法中的一个典型案例是刘发电镀厂的污染问题。2018年5月18日，C县生态环境分局联合公安局执法人员依法对C县工业区外的刘发电镀厂进行检查，发现该电镀厂未办理环评审批和验收手续，擅自建设1条电镀生产线和酸洗生产线并投入生产，未配套任何环保治理设施，检测显示该电镀厂外排污染物铬、镍、锌分别超过标准规定的118倍、82倍、87倍。根据相关法律法规，C县生态环境分局认定刘发电镀厂涉嫌污染环境罪，将该案移送C县公安局进行侦办。2019年1月25日，C县人民法院一审判决对刘发判处有期徒刑8个月，并处罚金30万元。

（二）环保垂直管理对政企监管模式演变的影响逻辑

在省以下环保机构垂直管理改革的进程中，各方的利益和博弈牵涉三对关系，分别是中央政府与地方政府之间、地方政府与环保部门之间以及环保部门与企业之间。

首先是中央政府和地方政府之间的博弈。中央政府与地方政府对环境保护存在着不同的偏好和策略选择。如果中央的约束不足，就容易出现地方之间为了经济发展而竞相放低环保监管要求的现象。环保机构垂直管理改革正是中央政府对地方政府"块块"方式偏离中央政策的行为，通过"条条"方式重塑地方组织结构，以纠正地方偏离行为。

其次是地方政府与环保部门的博弈。垂直管理改革前，环保机构在人、财、事等各方面都受制于地方政府，执法时需要考虑地方政府的要求。由于隶属关系和资源限制等各种因素，垂直管理改革前处罚企业数量较少、惩戒较轻，政企监管模式较宽松。随着环保机构垂直管理改革的推进，地方政府和其他部门与环保机构进行了权责的重新划分。作为市生态环境局的派出机构，县生态环境分局的地位和资源发生了变化，不再是县政府的组成部门，提升了环保职权的独立性。地方政府也相应改变了思维方式，放弃干预环境执法的想法，加大与环保机构的合作，在一定程度上进行了组织调适以适应新的监管模式。

最后是环保部门与企业间的博弈。在垂直管理改革前，县级环保执法机构的一大任务是日常对排污企业的"查企督企"工作，因此环保机构与企业间不可避免地存在着利益博弈。当出现环境问题时，首先由环保执法机构进行检查，然后梳理涉及的其他问题及对应职能部门，由多方协调一起对环境事故进行联合处理与汇报，再由环保与司法部门联合出面对事故进行认定后予以处罚，最后由地方环保部门向地方政府或上级环保部门汇报结果。

垂直管理改革后，上级环保机构对下级环保机构的督察更加严格，执法案件的程序更加规范，要求更加严格。因此，政企监管模式更加趋于专业化、权威化。同时，垂直管理改革后环境执法也需要加强与地方政府和其他职能部门如司法局、公安局、检察院和法院的合作。刘发电镀厂污染事件正是在环保垂直管理改革后执行的典型刑事污染案件。该厂企图通过地理优势规避环保部门的监管，但由于群众投诉以及基层环保部门掌握的线索，使案件证据充足，最终责任人被判处刑罚并承担污染事故的后续处理工作。

垂直管理加强了生态环境机构执法的独立性。生态环境执法获得了比垂直管理改革前更大的权威，有力震慑了企业的违法行为。伴随着国家日益完善的法律法规和严格的违法处罚力度，包括监督检查、行政处罚、行政强制、移送司法机关等，切实提升了政企监管力度。但行政处罚并不是最终目的，让企业更自觉地守法和保护生态环境才是这些措施的最终目的。正如 E 市生态环境保护综合执法支队执法人员以及 C 县生态环境分局综合股股长所说：

> 随着最近的几部环境保护相关的法律的修订，在处罚金额上有了较大的提高，对于企业来说违法成本也提高了，除此之外，移送公安、按日计罚等罚则也一定程度上对企业造成了威慑。我认为处罚力度越大，一定程度上企业肯定是更不敢违法了，毕竟违法成本提高了。（访谈编号：MF20191225）

> 现在的生态环境违法处罚力度较大，但也不是处罚力度越大，企业就会越不敢违法。处罚力度大在一定程度上是起到震慑企业违法犯罪的行为，但是要想长期解决企业环境违法，还是得在宣传上加大力气，提高企业的环境保护意识，从思想上彻底解决企业不知法违法、知法仍违法的行为。（访谈编号：HM20191225）

第四节　环保垂直管理何以提升执法强度：组织和政府间关系的解释

长期以来，我国主要采取"以块为主、分级管理"的属地管理制度，中央政策的执行不时在地方遇到阻滞。从20世纪90年代开始，出于宏观调控及各类监管的需要，中央开始采用垂直管理改革对条块关系进行重塑。环保机构垂直管理改革便是中央通过加强"条条"的管理，对地方保护主义进行约束的重要措施之一。垂直管理改革前，"以块为主"的环保治理体系虽然能激发地方政府的积极性，但也影响了职能部门的运转。环保机构作为"块"的组成部门和上级业务部门的下属，常陷入两头领导的困境。垂直管理通过改变环保部门的管理主体，纠正地方干预带来的失范问题，通过"条条"的方式，将环保机构的人、财、事向上集中，剥离了"块块"的属性，从而保证环保职能部门的政策落实与中央精神保持一致，而非一味听命于地方政府。垂直管理改革后，环保部门的监测、监察和执法三大类核心业务不再依附于"块"的束缚，基层环保不再对"块"和"条"同时负责，而是采取直接对上级环保部门负责的模式，保证其独立性与权威性。生态环境质量的考核和评价事权收归上级，也保障了运作的独立性以及环境监察和监测数据的客观性。

从总体来看，省以下环保机构的垂直管理改革通过将环保机构的角色在纵向上放大，并明确了地方政府的环保责任，从而提高了环保机构的执法强度。改革以后，C县环境监测监察执法强度明显提高，水环境质量、大气环境质量和土壤环境质量也相应得到提高。如在水环境质量上，国水考核断面采测分离的监测结果显示水质均值达到地表水Ⅲ类标准。在大气环境质量上，自2019年以来，县城区环境空气质量细颗粒物浓度同比下降3.45%，环境空气质量AQI优良天数比例为99.7%。

表8-1表示了C县环保局垂直管理改革前后的环境执法成效对比。那么如何从理论上对C县环保垂直管理改革取得的成果进行解释？

表8-1　　　　垂直管理改革前后环境执法成效对比表

内容与指标	改革前	改革后
地方政府与环保部门的关系	C县环保局作为县政府的成员单位，人、财、事均由县政府管理，接受E市环保局和C县政府的双重领导，C县环保局的人事任免由C县政府决定，容易导致C县政府对环保事务的干预	C县生态环境分局不再是C县政府的成员单位，而是上收到市级，作为市生态环境局的派出机构，由市级承担人员和工作经费，具体工作接受市环保局领导，从而减少地方保护主义对环保事务的干预
环境监测力度和强度	环保部门隶属于当地政府，环境监测与环境监察由各级环保部门自主进行，数据的真实性和有效性难以保证。	省环保机构上收了环境监测职能，生态环境质量的评价和考核工作事权收归上级所有，保障了监测数据的客观性
环境监察执法力度和强度	C县环境执法大队由C县环保局直接管理，隶属于地方政府；由于地方追求经济的发展，环境监察执法业务容易受到地方政府的干预	C县生态环境分局执法大队收归市环境执法支队，监察业务不再依附于地方政府，并实行"局队合一"的管理体制，强化行政执法职能，保障了运作的独立性
执法效能	地方政府重视经济发展而轻视环境保护，导致环保机构的环境监管和执法不时被地方政府干预，执法不够严格	地方政府转变经济发展方式，重视环境保护，地方政府的权限由原先的干预转变为合作落实；垂直管理改革后环境监察执法机构加强了对企业的独立监管，从而提高了执法强度

一 监管更加独立

垂直管理调整了市县环保机构的隶属关系、财政供养、干部任免和绩效考核等，有利于减少地方干预主义的影响，使监管更加独立。第一，隶属关系上，市级环境监测机构隶属省环保机构，市级环保机构全面管理区域内的环境执法队伍，实现执法重心下移。第二，在人、财、物的管理权限上，驻市级环境监测机构的人、财、物直接由省级环保机构管理，县级环保机构以及监测、监察、执法机构的人、财、物由市级环保机构直接管理。第三，在领导干部任免上，市生态环境局的主要领导由省生态环境厅提名，其中市级局长提交市级人大任免；市局党组书记及成员由省生态环境厅党组征求市委的意见后任免；县生态环境局调整为市环保局的派出机构，由市生态环境局直接管理，领导班子成员由市生态环境局任免。① 同时，垂直管理改革通过完善领导干部目标责任制，把是否落实生态环境保护作为党政领导班子考核评价内容，有效地减少了地方保护主义对环境部门履职中的干预。

二 上收环境监测监察职能并下移环境执法职能

垂直管理实现了监测监察职能的上收和执法重心的下移，在纵向上优化了职能配置。一方面，监测职能方面，将市级环保机构的监测职能上收到省级环保部门，由省级环保部门统一考核，县级环保部门的监测职能统一上收到市级；环境监察职能方面，省环保部门授权市级或者跨市、县区域环境监察执法机构以派驻的形式行使职权。另一方面，加强基层执法队伍建设，将环境监管执法和监测的权限下放至县一级，强化属地环境执法。改革后，省环保机构的工作重心变成了环境质量的监测、考核和评价，市生态环境局抓好各县市区环保部门综合统筹，县生态环境分局则集中力量执行。至此，环境执法工作在纵向上实现了环保条线的统一管理及责任落实，使环境监管的权威性得到保障。

执法重心下移促进了环保部门职能的强化。环境执法的指挥权由市

---

① 《围绕"4个突出问题"推进环保监测执法垂管制度改革——访环境保护部副部长李干杰》，新华网：http://news.xinhuanet.com/2016-09/23/c_1119616066.htm，2016.09.23。

环保机构统一行使，县级环保机构作为市环保机构指令的执行者，可以减少县政府干预，遏制基层环保工作中"有法不依、执法不严、违法不究"的现象，增加了执法的统一性、权威性和有效性，从而提高环保机构的执法强度。正如 C 县生态环境分局分管领导所说的：

> 本次垂直管理改革有助于解决地方保护主义对环境监测执法的干预，解决干预首先要从体制设计入手：一是让市级环境监测机构直接划归省级环保部门管理，二是市级环保机构对本行政辖区内的执法力量进行统一管理，依照相关法规独立执法，执法重心向基层倾斜；三是通过保障人财物缓解干预；四是从领导干部的管理权限上解决干预，省级环保部门主管市级环保局局长，以及驻市级环境监测机构人员，调控能力增强。（访谈编号：LM20191225）

三　变原隶属部门为上级考核派出部门

垂直管理改革前，环境监测数据的真实性和有效性较难保证。由于环保部门隶属于当地政府，环境监测与环境监察由各级环保部门自主进行，而监测数据是区域环境质量评价和环保部门绩效考核的重要内容，这就陷入了"用自己监测的数据考核自己"的泥潭。虽然中央政府重视环境保护，要求加强对地方政府"党政同责、一岗双责"考核，但较低的环保考核效力和独立性使实际环境保护力度远远不足。

垂直管理改革后，省环保机构上收了环境监测监察职能，生态环境质量的评价和考核工作事权收归上级所有，实现了对全省生态环境质量整体状况的精准把控，真正起到防范环境监测中失职行为的作用。省级环保部门可以对各县进行排名、制定指标和实施考核，将环境指标的完成情况纳入硬性的考核体系，对地方政府的政绩起到"一票否决"的作用。垂直管理改革后，原先县级环保部门既是"块的组成者，又是条的执行者"身份被打破，县级环保机构的身份转变为市级环保机构的派出机构，与地方政府间不再是严格的上下级关系，由原先的隶属部门转变为上级考核派出部门，成为省、市环保部门对县领导及相关部门进行考核的独立部门，保障了运作的独立性和环境监察、环境监测数据的客观性。如 C 县生态环境分局分管领导所言：

> 目前国家空气环境质量监测事权已全面完成上收，从体制机制上有效阻止了地方保护主义的不当干预，实现了"谁考核、谁监测"……地表水环境质量监测事权也已实现全面上收，地表水考核断面实施"采测分离"监测模式，以有效防范地方不当干预。（访谈编号：LM20191225）

四 地方政府责任更加明确

垂直管理改革后，C县合理划分了地方党委、政府、环保部门和有关环境保护部门的环保责任。第一，地方党委、政府主要领导对辖区的生态环境质量负总责，并把落实生态环境保护作为党政领导班子考核评价重要内容。第二，环保部门主要负责监督管理。具体工作中，市级环保部门对本市域范围的环保工作进行统一监督管理，协助统筹、谋划和决策县级环保工作，强化综合统筹协调。改革后的县级环保部门将环保许可职能上交市局，在市级环保部门委托授权的范围内承担部分环保许可具体工作，强化属地的环境执法工作。第三，明确其他环保相关部门的监管责任。目前主要是：制定环保责任清单，明确各职能部门在各个领域的环境保护责任，按职责开展监督管理。落实"管发展必须管环保，管生产必须管环保"要求，落实"一岗双责"，形成党委、政府和相关部门齐抓共管的工作格局，实现生态环境保护与经济发展两不误。

环保垂直管理改革后，地方党委、政府对辖区的生态文明建设承担总体责任，落实了"党政同责、一岗双责"的要求，明确了地方政府的责任清单，有利于建立有效的环境监督与责任追究机制，对违规插手环保案件查处或干预环境监测监察执法的领导干部进行追责。环保部门的具体职责划分了省市县三级环保垂直管理部门的工作范围和内容，实现了环保执法下沉和执法力量加强。而环保相关部门，例如农业局、国土局等部门，确立了管发展就必须管环保的原则，与生态环境部门形成了联动机制，实现相互协作。正如C县生态环境分局分管领导所说的：

垂直管理改革后，地方政府未存在互相推诿的现象，反而是在环保机构垂直管理改革后，执法权独立于地方政府之外，地方政府更加重视生态环境保护工作……此次环保机构垂直管理改革……加强了地方党委和政府环保责任的落实，建立环保责任清单，明确各个部门的职责，并落实环保责任的监督检查和责任追究机制。（访谈编号：LM20191225）

五　建设更为专业的执法队伍

垂直管理改革后的环保队伍实现了更高的专业性和稳定性，在执法流程上更为标准化。垂直管理改革前，县级环保机构的领导班子成员时常从不同职能部门调动而来，缺乏环保专业知识，且经常在两三年间进行调整。垂直管理后，县级派出机构的领导班子成员由市局任免，多数由具有环保相关业务知识和能力的领导担任，在全市范围内统筹环保干部的交流使用，从而保证了环保队伍的专业性和稳定性。

本次垂直管理改革后，执法机构统一规范设置，县级执法队伍和环保部门一并上收到市级，由市生态环境局统一管理和指挥，强化环保队伍专业化建设。垂直管理改革后的县生态环境分局实行"局队合一"的管理体制，强化了行政执法职能，改变了以往重审批轻监管的管理方式，把更多的行政资源从事前审批转移到事中、事后监管上。在执法上，增加执法人员编制，同时严格内部的执法流程。市生态环境局积极推进执法资源下移到县生态环境分局，增强属地执法，加强县、市区联合执法、交叉执法与联合监测，积极推进区域协作机制并统筹协调跨区域的污染问题。在执法资格和执法队伍管理上，要求执法人员必须参加资格培训并持证上岗，推进环保队伍的规范化和装备现代化，开展执法的标准化建设，并建立执法队伍的考核奖惩及立功表彰机制。C县生态环境保护综合执法大队二队队长解释说：

环保垂直管理改革后要用专业化和规范化的制度来加强环保队伍建设：首先是健全市县级环保机构的建设……同时在重点乡镇逐步设置独立的环保机构，配备专职环保工作人员……其次是加强队伍建设……再次是提高监管能力，结合标准化建设要求和当地污染

源情况，配备调查取证等监管执法装备和环境监测仪器设备。（访谈编号：JM20191225）

六 促进政府部门与环保机构的合作

垂直管理改革后，县生态环境分局虽然已是市生态环境局的派出机构，但工作地点还在县级，环境管理事务和执法业务都需要地方政府和其他部门的进一步支持和配合。例如，为提高C县的环境空气质量，C县政府成立了大气污染防治攻坚办，成员由县工信局、生态环境分局、林业局、农业局、乡镇政府等多个部门组成，C县也成立了"县—镇（乡）—村"三级网格，每个网格配备1名网格员对所在片区进行每日巡查，发现问题及时在网格化管理系统中上传登记，能解决的环境问题及时解决，乡镇政府成为解决当地大气污染问题的主力军。各部门分工合作，明显减轻了生态环境分局的压力，也促进地方政府严格落实环保责任。通过建立协同合作机制，垂直管理让环保机构在本地区开展环境治理工作得到地方政府更大的支持，帮助协调解决部门之间的相互矛盾和利益冲突，从而提高环保机构的执法强度。

第五节 小结

针对原有环保管理体制存在的问题，国家提出实行省以下环保机构垂直管理改革。本次改革意在强化地方党委和政府对环境保护的主体责任，调动"条"和"块"两个积极性，减少环境部门履职中的地方干预，加强跨区域跨流域环境监测监察执法和治理。本章呈现和分析了C县环保机构垂直管理改革历程，以两个具体执法案件为例，分析了环保垂直管理改革前后的政府组织运作模式和政企监管模式的演变，并运用组织和政府间关系相关理论解释了环保机构垂直管理改革何以提升执法强度。

省以下环保机构垂直管理改革并非一蹴而就的。在改革后的初期阶段，也出现了一些问题。第一，条块矛盾依然突出。县区生态环境分局虽然已经成为市局的派出单位，但在实际工作中，县区还设立有生态环境保护委员会，挂靠在生态环境分局，并通过人、财、事等方式对生态环境工作产生直接或间接影响，使县区的生态环境分局仍然有明显的属地管理性质。如何在改革中处理好环保部门与地方政府及其他部门的权责关系和合作方式，成为改革中持续面临的问题。第二，基层环保人员的编制和待遇保障不足。改革后人员编制虽有增加，但执法队伍不稳定，环保队伍人员变动大，工作经费难以保障，并且随着执法重心的下移，基层人员工作压力变大，缺乏较好的激励机制。第三，环保机构监测监察执法垂直管理改革还存在着监督不力的问题，省级环保部门难以对市县两级的环保部门进行监督，容易造成远程监督乏力和环保权力寻租等问题。

整体来看，垂直管理改革增强了环保执法的权威性和独立性，其方向是正确的。目前环保机构垂直管理改革仍在实践中前行，需要继续处理因为改革带来的相应立法、体制和执法问题，也有待学界更多深入研究。

第 九 章

环保机构垂直管理改革中的上下级博弈

改革开放以来，中国进行了多次行政机构改革，一些机构的条块关系也屡有调整。环保部门在经历了机构组建、发展壮大、职能扩张和力量整合的成长过程后，党的十八届五中全会提出进行环保机构垂直管理改革，"对省级以下环保部门的监测、监察、执法职能予以上收并由省级环保机关实行垂直管理，地市级环保局实行以省级环保厅局为主的双重管理体制，县级环保局作为地市环保局的派出机构"。[①] 此举意在通过改变组织结构和管理模式，重新界定地方环保部门与地方政府和上级环保部门的关系，以更好地解决日益突出的环境治理矛盾。

环保机构的垂直管理改革，是近十年来监管和监察等领域条块关系变化的一个缩影。条块关系的调整冲破了原有部门间的既定权力格局，涉及许多利益的调整，在改革过程中充满了上下级之间复杂的博弈谈判和讨价还价过程。既有对上下级政府间谈判和讨价还价的研究较多集中在对政府的日常运作和运动式治理研究中（冯猛，2017；周雪光、练宏，2011），以及对行政区划改变的研究中（叶林、杨宇泽，2018；张践祚、刘世定、李贵才，2016），但中央发起的环保机构垂直管理改革中的上下级谈判，其情境和特征与一般日常运作和运动式治理中的谈判有一定的区别。环保机构垂直管理改革作为中央权威发动的条块变动改革，上下级部门间的讨价还价空间看似应当十分狭小。那么，上下各方是否还有

[①] 参见中共中央办公厅、国务院办公厅《关于省以下环保机构监测监察执法垂直管理制度改革十点工作的指导意见》（2016）。

可能在其中进行反复拉锯谈判？谈判空间是如何打开的？中央的重要角色对谈判模式有何影响？各方在改革谈判进程中如何运用策略？A 市环保部门与省级主管部门围绕垂直管理改革发生的数轮谈判为这些问题提供了深入研究的理想案例。通过案例剖析，在微观上可以呈现上下级政府间谈判的模式和运作过程等机制，在宏观上有助于理解机构改革和条块变化的动因和困难。

第一节　文献述评与理论框架

一　既有上下级政府间谈判研究

学界很早就注意到中国政府间广泛存在着谈判和讨价还价现象（Lampton，1992）。近年来的研究越来越多地呈现出上下级政府间在日常运作、运动式治理和行政区划改革中的谈判细节和微观过程（冯猛，2017；叶林、杨宇泽，2018；张践祚等，2016；周雪光、练宏，2011）。总结既有文献，可以从"由谁参与""为何有谈判可能""谈判过程如何""各方如何运用策略""最终结果如何"以及"为何能达成这种结果"等问题分析上下级政府间谈判。

（一）参与方

上下级政府间谈判的参与方主要是上下级政府相关部门，以及利益相关的涉事主体，如改革涉及的人群或优惠政策涉及的企业群体等（何艳玲、汪广龙，2012）。现有研究大多较为关注组织整体利益及关键领导。领导常被认为是决定政策变化和左右谈判局势的关键人物，而普通行政人员则较受忽视，他们的个人诉求往往被忽视或简单放置在组织中被代表。

（二）谈判情境与策略

上下级政府间谈判迥异于市场主体间谈判或横向政府间谈判，它有一个基本的设定情境，即上级政府拥有法理权威，掌握最终决策权；下级政府只有商议权，提出的谈判或协商内容不能触犯权威，也不能在谈判中退出（何艳玲、汪广龙，2012）。上下级谈判模式依据时间压力和命令强度可以分为"常规模式"和"动员模式"（周雪光、练宏，2011）。在常规模式中，政策通过既有的常态规则和程序进行落实，上下级间存在日常且更为平等的讨价还价。在动员模式中，上级通过高压力和高注意力的形式推动政策实施，包括更为密集的考核、严格的监督机制和加重的惩罚措施等。在此模式下的上下级谈判，上级能够传递出更高的可信性承诺或威胁。

上下级谈判中，各参与方广泛使用各类策略。对这些策略的讨论可以分为两种类型，一种主要在博弈论的学理上讨论出价和还价的顺序、形式和退让等行动方案和策略集，如正式谈判、非正式谈判、准退出和多轮谈判等（周雪光、练宏，2011）。另一种主要从谈判实践中的具体手段进行讨论，例如援引成例、诉诸情理关系和拖向底线等（叶林、杨宇泽，2018）。

（三）目标与信息

目标差异是上下级为何需要谈判的核心理由。上级拥有优先的目标设定权，但下级的目标常常与上级的有所差异。具体存在以下几种情况。一是目标内容差异。如果整体性、根本性目标存在差异，则不易调和，而细节的目标差异较易妥协。二是目标执行和考核方式差异。上下级政府间可能就目标任务达成共识，但对完成目标的具体执行方式与考核标准有所差异。

多数政府间谈判中都有信息不对称的情况存在，尤其是作为代理方的下级掌握着更多的地方性信息，可以增加讨价还价的余地和空间（唐啸、陈维维，2017；周雪光、练宏，2011）。上级政府制定政策时，在非对称信息情况下容易出现政策制定偏差。如果部分内容未能以全面正确的下级情况为基础，那么下级政府可以建议上级政府对政策进行预调、微调，对未涵盖的细节进行建议、补充或折中安排，在保留上级意图的同时，提出合理诉求。甚至一些上级政策已经付诸实施后，下级仍可以因为执行中出现的问题，建议对政策进行调整或暂停（冯猛，2017）。

（四）最终结果及为何能达成结果

上下级权威的不对等决定了谈判的最终结果更多依赖于上级的意愿。一些谈判可能完全失败，下级未获得任何成果；而在另一些谈判中，下级成功获得了上级的部分甚至全部退让。在成功的例子中，协议点左右摆动以及最终达至均衡受到许多因素的影响。出价顺序、可信性承诺或威胁，以及谈判策略等都可能影响了最终结果（冯猛，2017）。

二 中央权威推动的上下级谈判:情境与命题

既有研究已经为讨论上下级谈判并理解政府内部运作的微观过程提供了扎实的分析框架,但仍有可扩展之处。从理论分类上,现有研究的各类上下级谈判实践大多可以被划分为常规状态或动员状态下的谈判(周雪光、练宏,2011)。但是,这两种划分尚不能涵盖所有上下级谈判类型。例如,在历次行政机构的机构建立、重组合并、条块垂直管理改革和行政区划改革中,涉及新旧部门分合、条块关系变动、编制安排、人员分流等问题时,同样存在着谈判博弈。这些谈判是在中央等更高权威推动之下在上下级之间围绕机构改革展开的,可以称为"中央权威推动的上下级谈判"。从类型学的角度看,这种谈判比较接近动员状态下的谈判,但亦有所区别,有着独特的情境与特征(见表9-1)。

表9-1 各类型上下级政府间谈判比较

	常规状态谈判	动员状态谈判	中央权威推动的谈判
常见情境	日常工作	检查、督察、巡视	部门分合、条块变动、区划调整
时间压力	小、日常	大、运动式不时进行	大、"一次过"
科层压力	日常科层结构	高压力、高注意力	高压力、高注意力
互动范围	上下部门间	上下部门间	更高权威推动的上下部门间
可否退出	下级更难以退出	下级更难以退出	上下级均不可退出

资料来源:笔者自制。

从参与方看,常规状态和动员状态中的谈判是委托—代理链条中的上下两方互动。即便如巡视工作、环保督察等由中央自上而下推动进行的督查、考核、评估检查等,其中出现的讨价还价本质上仍围绕着部门的主要工作,在上下两级中互动。而机构、条块和区划改革中的上下级谈判,参与方有中央和地方上、下级三个。中央权威定调的改革工作主要围绕着部门分合、条块变动、职能分工、人员去留和工资薪酬等,内容虽牵涉未来的部门设置和工作安排等,但非部门本身的日常核心工作。

在时间压力上,常规状态的谈判时间压力较小。动员状态的谈判虽然时间压力高,但可以在一段时间后重复进行,仍有再次调整的余地。

而中央权威推动的改革谈判是"一次过"的，一旦上下级谈判的最终方案确定，在短期内不会变动，否则将影响改革的权威性。

在谈判空间上，日常状态中的上下级谈判空间较大，而动员状态下更小（周雪光、练宏，2011）。对上下级参与方而言，在常规和动员状态谈判下一般不会轻易退出，尤其是作为代理方的下级是不可退出的（何艳玲、汪广龙，2012）。但即便在看似讨价还价空间更小的动员状态下，下级仍可以通过变通执行、准退出和向上诉苦等形式与上级博弈。而机构改革作为中央权威发起的"一次过"组织和制度改革，通常有着明确的改革计划和时间安排，各地方或部门都不能退出，上下级谈判空间更加狭小。

对常规和动员状态中上下级如何谈判互动，现有研究已经提出了许多富有洞见的命题（何艳玲、汪广龙，2012；周雪光、练宏，2011）。中央权威推动下的上下级谈判因其特殊的情境，将对各参与方的行为产生不同影响，可以据此在既有研究基础上提出一些新的命题。机构改革中涉及的上下级谈判，是中央向下推行的，各地的上下级均无权退出，并有着很强的时间压力。由于需要在规定的时间内完成，如果上下级都不肯退让，则可能耽误改革进程，这对各方来说都是不可接受的。在既定的改革背景和等级结构下，下级只能针对改革方案为自身利益进行有限的讨价还价而不能全盘拒绝。反观上级，面对下级在政策范围内的合理诉求，也时常需要退让以促成改革及时落地。就时间压力和不可退出对各方谈判意愿的影响，可以提出以下命题。

命题1：上下级在谈判过程中均不可退出，只能就改革方案进行有限讨价还价。

机构改革谈判中的上下级各方需要围绕中央权威文件进行谈判，但是上下级对权威文件的运用却有着不同的出发点。从上级角度看，借力中央文件，改革已经有了足够的权威和合法性，只要在中央文件基础上结合本地情况即可"转译"落地（吕方、梅琳，2017）。哪怕方案中包含下级难以接受的条件，下级也不能全盘拒绝。从下级来看，在不能退出的情境下，就更需要主动发声呼吁并提供足够信息和依据来促成谈判妥协（Hirschman，1970：33）。为了兼顾全国统一性和各地差异性，中央文件往往有着许多模糊和照顾地方的表述，下级从中便可以借用于己有利之处来向上级讨要谈判空间。虽然有了这些模糊表述的空间，但上下级之间需要反复谈判并论证自身诉求的合理性以促成最终协议的达成。就权威文件对各方谈判空间的影响，可以提出以下命题。

命题2：上下级的谈判内容主要围绕中央权威文件展开，对文件中的模糊论述需要通过反复谈判来达成协议。

上述的特殊情境和命题主要适用于分析历次行政机构改革中的机构建立、重组合并、条块垂直管理改革以及行政区划改革等。现有上下级谈判研究中对这些话题还鲜有涉及，仅有一些关于行政区划改革中的谈判研究讨论了上下级的利益考量和主要策略（叶林、杨宇泽，2018；张践祚等，2016）。机构改革涉及范围广、层级多且影响深远，本身是打开"黑箱"、刻画各个政府层级和部门间如何进行互动博弈和利益分配的绝佳样本。但相关研究在视角上往往只从宏观的改革目标、部门存废和职能转变等角度进行分析，或从横向角度讨论机构分合与职能收缩扩权等问题（赵宇峰，2020；周志忍、徐艳晴，2014）。而对条块关系调整中各方是如何博弈的，现有研究还少有笔墨。

"条"是以职能部门为划分依据的垂直管理组织体系，"块"是以行政区划为划分依据的地方行政组织体系（曹正汉、王宁，2019）。虽然中央政府享有最高权威，但在日常的政策执行中，一些政策领域存在着中央与地方之间的目标冲突，委托—代理风险较大（江依妮、曾明，2010）。面对地方在不同任务之间的冲突，需要中央在具体领域采用"块"还是"条"的管理方式上有所考量。过去数十年间，针对中央与地方之间应该如何集权或分权有过反复争论和制度调整。目前中央在经济事务等领域主要采取"块"的方式放权给地方，目的是发挥地方积极性和照顾地方的多样性（曹正汉、王宁，2020）。但在一些全国性公共事务上，一味放权给地方可能导致各种地方主义盛行，出现各地争相放宽监管标准、进行恶性竞争的现象，需要采取一些"条"的方式以更好地管控地方。条块机构改革深刻改变了原有的组织运作格局，牵涉面广，利益纠葛复杂。改革方案的制订、批准、调整等过程充满了上下级间的谈判和讨价还价，理解这些过程有助于更好呈现中国政府运作和改革的微观过程（倪星、谢秋水，2016；周雪光、练宏，2011）。

本书将选择环保机构垂直管理改革（简称"环保垂改"）进行研究。

一是因为过去环保领域时常出现地方保护主义的问题，环保监测、监察、执法垂直管理正是针对"块块"治理中背离中央政策目标的问题，将其从"块"中独立或半独立出"条"的手段，以更好地贯彻该职能，因此涉及复杂的条块利益变动和上下级谈判（冉冉，2014；Mertha，2005）。二是环保垂直管理改革由中央发起，在全国范围内实施，改革过程中的特征与难题具有普遍性，且在情势、策略、目标和信息等方面呈现出与以往上下级谈判研究不同的特征。本书选择 A 市环保机构垂直管理改革过程作为案例。笔者对 A 市环保部门垂直管理改革的全过程进行了持续亲身观察，搜集了有关垂直管理改革执行过程的文件和资料，并对其中的具体实施者、参与者和利益相关方进行了访谈，以期深入理解和呈现环保机构垂直管理改革中的各方谈判过程和行为逻辑。

第二节　垂直管理改革进程中的上下级谈判案例

垂直管理按层级区分，主要有中央垂直管理和省以下垂直管理两类。中央垂直管理主要有海关和原国家税务等部门，省以下垂直管理在实践或探索中有市场监管部门（原工商管理部门和食品药品监督管理部门）、自然资源部门（原国土资源部门）以及新近的生态环境部门等（Kostka & Nahm，2017）。在中央定调进行省以下环保机构垂直管理改革后，省、市围绕着改革落实开展了多轮博弈谈判。

一　A 市环保机构设置与改革困境

A 市是副省级经济较发达城市。2016 年，中央下发《关于省以下环保机构监测监察执法垂直管理制度改革试点工作的指导意见》（简称"指导意见"）后，① 各地需要完成的改革工作主要有两部分，一是实现市环保机构对区县环保机构的直管，二是实现省对市环保机构的双重管理或直管。对照要求，A 市在 20 世纪 90 年代已率先探索完成了市对区县环保机构的直管，垂直管理改革工作集中在如何实现省对市的垂直管理。省

---

① 参见中国政府网 http://www.gov.cn/zhengce/2016-09/22/content_5110853.htm。

里考虑到 A 市的市、县级环境监测队伍作为一个整体的客观实际，决定单独对 A 市环境监测机构进行拆分。A 市环保部门有行政编制 70 余人和事业编制 240 余人，其中共有 98 名环境监测人员。具体拆分方案要将 98 人中的 30 余名划转至省级环境部门，成立省驻市环境监测机构，负责开展该市未来的环境质量监测工作。剩余人员重新组建市环境监测机构，依然作为市环保机构的直属单位，承担污染源监督监测、执法监测和突发环境事件监测等职能（如图 9-1 所示）。

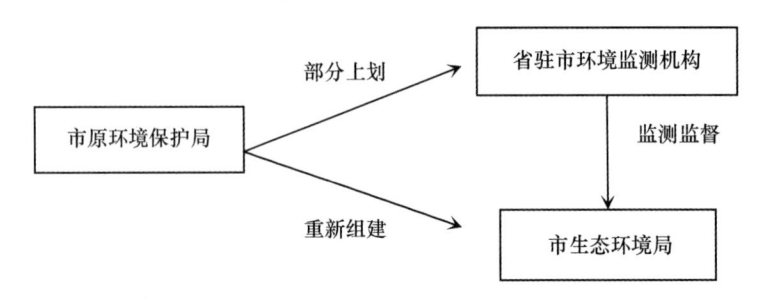

图 9-1　垂直管理改革前后 A 市环境监测机构变化示意

根据征求意见方案，各地市上收至省环保部门管理的环境监测人员，人事关系由地市管理转变为省级部门直接管理，工资待遇和标准转变为执行省属事业单位标准。作为副省级经济较发达城市，A 市市属单位工资待遇比省属单位高，A 市环境监测机构被上划人员的工资待遇将下降 10%—20%，差距较大（见表 9-2）。为此，在省级改革方案酝酿期间及下发后，A 市就人员和薪酬问题与省环保垂改主管部门展开了数次协商谈判。

表 9-2　上收前后 A 市环保监测机构不同职级人员工资待遇情况比较

	职级、薪级工资			绩效工资			津补贴			总额
	高级	中级	初级	高级	中级	初级	高级	中级	初级	高、中、初级
改革前	1	1	1	1	1	1	1	1	1	1
改革后	1	1	1	0.7	0.67	0.78	0.85	0.82	0.77	0.8—0.9

注：设改革前 A 市环境监测机构人员各项工资为 1，改革后各项工资为估算平均数。高级、中级、初级分别指高级工程师、工程师、助理工程师。

资料来源：笔者自制。

二 第一轮上下级谈判：省级正式方案否定市级单独意愿

省环保垂直管理改革主管部门就省环保机构监测监察执法垂直管理制度改革实施方案（简称"省垂改实施方案"）首先拿出了征求意见稿下发，明确各地市上收省级人员工资待遇按照省属待遇标准，并明确 A 市环保监测机构拆分的办法。A 市环保部门随即做了两件事。其一，对市环境监测机构人员进行摸底，了解个人的上收意愿。绝大多数个人对是否上收省级环境监测机构都能服从组织决定，但表示如果上收后工资待遇下降则不愿接受上收。其二，就摸底情况与省级改革主管部门沟通，一方面接受征求意见稿中关于人员拆分划转的安排，另一方面鉴于市环境监测人员的强烈诉求，希望省垂直管理改革实施方案能考虑 A 市特殊性，单独就本市上收人员工资待遇进行说明，明确 A 市上收人员依然由市级财政保障其待遇经费，工资标准维持改革前后不变，以确保涉改人员利益。该建议以正式渠道书面反馈（各类文件参见表 9-3）。省级改革主管部门收到意见后，最终未能采纳，在正式印发的省级环保垂直管理改革方案中，延续了各地市上收人员工资待遇按省属单位工资标准的表述。第一轮上下级谈判以 A 市诉求未被接受告一段落。

表 9-3　　A 市环保机构垂直管理改革涉及文件资料

	中央与省	市	涉改群体
方案文件	1. 中央指导意见 2. 省垂直管理改革实施方案征求意见稿 4. 省垂直管理改革实施方案正式稿	3. 市对省垂直管理改革实施方案征求意见稿的书面反馈（未被采纳） 5. 市垂直管理改革工作方案上报稿（被省级修改） 6. 市垂直管理改革工作方案正式稿	
人员分流文件		7. 市环境监测机构人员分流实施方案	
请示有关文件		8. 市监测机构上收省管人员工资待遇补差的请示	9. 上划人员陈情书

续表

	中央与省	市	涉改群体
薪酬补差文件	10. 省明确补差待遇政策的函	11. 市明确补差待遇的通知	

注：表中的数字代表相关文件出台的顺序。

资料来源：笔者自制。

三 第二轮上下级谈判：市级方案再提诉求，省级同意"开口子"

省垂直管理改革正式方案下发后，省里要求各地市根据自身实际制定本市垂直管理改革的工作方案，并在上报省级改革主管部门审批通过后印发实施。A市随即成立市环保垂直管理改革工作领导小组及办公室，并根据省级方案精神拿出了A市垂直管理改革工作方案上报稿。上报稿明确了市级环境监测部门按照职能进行拆分并上收部分人员成立省驻市环境监测机构，但再次提出A市环境监测上收人员完全"参照A市市属事业单位工资标准"执行的待遇政策。

省环保垂直管理改革主管部门收到A市垂直管理改革工作方案上报稿后，对上收人员工资待遇的表述进行了否定修改，变执行原省级垂直管理改革正式方案中的"省属驻各地市事业单位工资待遇"为执行"省属驻各地市其他事业单位工资待遇"。增加"其他"二字，省级方案看似调整相对较小，但也为后来的待遇争取提供了可能。

四 第三轮上下级谈判：涉改人员抽签与陈情、市级请示和省级最终同意

第二轮谈判取得了一定成果，但依然未能解决上收人员工资待遇问题。A市为按时完成改革任务，正式开始市环境监测机构人员的分流。根据A市环境监测机构人员分流实施方案，第一步按照自愿原则，由个人填报去向志愿表。第二步进行动员报名，由市级环保部门鼓励人员主动报名到省级环境检测机构工作。由于省、市机构的待遇差距过大，两步都未能取得实际成效。对此，A市开始分流步骤的第三步，即通过电脑派位的方式进行人员的抽取。首先按照所在岗位、职称、性别、年龄的优先顺序，对拟参加分流人员进行分组，确保在每一类相同岗位上，

省、市级环境监测机构都能分流到人员，保证监测机构的完整性和基本框架被保留。其次，在有关部门和全体人员的共同见证下，使用电脑软件在分组基础上随机派位，最后确定了拟上收至省级环境监测机构的人员名单并进行公示和上报。

分流名单确定后，市环保部门了解到，本市有其他省垂直管理部门虽然执行的是省属驻各地市工资待遇标准，但因为各种原因，在征得省级有关部门同意后，向 A 市申请财政支持，补足了与属地化工资的待遇差距。A 市环保部门认为这个经验值得积极借鉴，故再次以正式行文的方式向省级环保垂直管理改革主管部门提交监测机构上收省管人员工资待遇补差的请示。文件提出希望由市级财政对上收人员改革前后工资降低数进行补差，确保涉改人员工资待遇基本持平。

与此同时，即将分流至省级环境监测部门的人员，作为改革的直接涉及者，开始以独立姿态正式参与到相关改革谈判中。他们以集体形式通过官方渠道表达自身的改革焦虑和不满。A 市环保部门及驻机关纪检部门分别收到由上收人员共同签字认可的陈情书一封，核心内容是对涉改人员工资待遇问题的诉求。文中首先质疑省级垂直管理改革政策未遵守中央环保垂直管理改革指导意见中执行属地化待遇的政策，其次阐述按省级有关政策执行后，涉改人员在各项待遇上会有较大的损失。最后陈情书深切表达了对自身上收省级部门管理后利益受损的忧虑和维护自身权益的决心。

在下级政府的再次请示和上收人员陈情的共同作用下，省级垂直管理改革主管部门终于开始重视，联合 A 市环保机构上报的待遇补差请示文件，正式行文向省级工资管理部门协商相关事宜。省级工资管理部门经研究请示，下发明确待遇政策的函，同意对 A 市上收人员待遇差额由市级财政部门予以补差。省级垂直管理改革主管部门据此发函给 A 市，商请 A 市提供财政支持。A 市随即下发明确补差待遇的通知，采取补差方式保障上收人员在改革前后的工资待遇基本不变，并继续执行子女就学、租房补贴等各项照顾政策。自此，前后持续半年的上下级政府间谈判以下级政府及相关人员合理诉求基本得到满足告终。

第三节　谈判空间的渐次打开：各方出发点与行为逻辑

在落实垂直管理改革的过程中，上下级最初有着不同的出发点。虽然垂直管理改革看似少有回旋余地，但在多回合谈判的微观过程中，情势结构不断发展，谈判空间逐渐被打开，各方的行为逻辑呈现明显特点。

一　整体划一：省级部门的最初出发点

上级的谈判方案更愿意参照中央权威文件以减少改革阻力，甚至借力推行自身意愿。在初期构建整体的政策蓝本时，省级政府和环保厅从推动整体改革的角度考虑，有意淡化地区差异性，先行寻求统一的政策方案。省在下发给各地市环保部门的文件中明确写道："各地要认真落实好省级环保垂直管理改革实施方案，确保提出的各项改革任务的落实。"对省级政府而言，此次改革既然能借力中央出台的政策，就要变各地不一致为一致，将过去的各自为政统归为将来的整齐划一。为实现以上目标，省级需要拿出普适性改革方案。面对 A 市不同于其他地市环境监测部门的机构设置和待遇差别，省级部门从自身管理角度和未来实践角度出发，希望全省上收人员的管理模式和管理制度一致。这既是减轻上级行政成本、保持上级政令通畅的做法，也是出于改革要达到全省监测一盘棋的需要。在第一轮谈判中，因改革和人员分流方案尚未明确，市级无法测算和掌握实质性的待遇差距情况，不能形成有力的谈判依据，谈判进程主要是省级借力中央权威在主导。

二　落实改革与俘获监管：市级帮助解决工资待遇的原因

A 市在改革进程中，虽然对机构拆分和人员上划难有讨价还价能力，但在解决涉改人员的工资待遇上却有很强的意愿和动力。究其原因，一是完成改革任务的压力促使 A 市政府有动力开展谈判。A 市在 20 世纪 90 年代就已基本完成市级对县区的环保职能垂直管理，相比其他地市要费心费力解决市、县环保机构之间的划转和人员上收等问题，A 市要落实环保垂直管理改革任务是相对简单的，唯有环境监测机构的拆分和上划到省，几乎贯穿 A 市垂直管理改革全过程，花费的人力、物力和时间远远超过改革中的其他任务。涉改人员待遇问题没有解决，对整个改革任务的时序推进有很大影响，正如 A 市环保机构人事部门负责人所说：

> 我们现在其他的改革任务都基本完成了，但就是监测部门上收的人员不好定，就算是根据我们的人员分流方案定了，定了要上收的人也不接受省里给的待遇，整个垂直管理改革就卡在这里了。他们不配合工作，而且意见很大，多次向上面反映，我们下一步人员划转、机构设立，哪个工作没他们的主动配合都没办法做。所以一定要看看能不能尽量给他们待遇上的补差政策，不然光靠强制推进，肯定会出问题。（访谈编号：201903R）

二是环保垂直管理改革后的利益关系也促使 A 市政府有动力补足工资差额。环保机构垂直管理改革的重要目的是要通过体制变化，减少地方政府对生态环境治理的不当牵制和干涉。从省级环境主管部门来看，整体性、成建制地与地方政府尽最大可能地剥离，是其所乐见的且最符合改革精神的。尤其是环境监测，作为考察地方环境质量高低好坏最直观、最科学的标准手段，只有完全掌握在上级政府手中，才是客观了解整个环境状况最靠得住的办法。因此，一旦这些上收人员完全剥离，正式从原市级环境质量监测者变为省级派驻监测 A 市环境质量的人员和机构，便形成了对 A 市环境状况的考核与被考核关系。由于环境质量好坏在政府工作中受到越来越多的重视，加上环境监测受天气、设备等影响有很大的不确定性，A 市需要争取这些被上收人员内心的支持。例如，一位政府领导所言：

> 上收之后人家是管我们的，我们有求于他们，我们环境管理工作的好坏，是要靠他们去认可、确认。（访谈编号：201903Z）

在 A 市看来，能否争取到对涉改人员待遇的补差，会对未来环境监测的独立性造成影响。如果能替涉改人员争取到补差政策，那么涉改人员上收后与 A 市就不是完全独立的，至少能通过部分工资待遇补差带来的人情，在省级环境监测上获得一些可能的考核关照。如果没有争取到，省级环境监测的独立性就无法避免。因此，A市努力对涉改人员进行待遇补差，是希冀可以借此与其形成利益共同体关系，通过"块"的方式影响"条"的运作，俘获上级的监测人员，形成一定的共谋（周雪光，2008）。

三 试探上级权威：文件与情理的运用

第二阶段制定市级工作方案时，任务主体转变，市级有了更大更主动的议事权。各地市制定垂改工作具体方案，按理应该根据已出台的省级方案落实具体细节。但A市利用出台工作方案的契机，未取得省级部门提前同意就在上报稿中对省级方案进行突破和修改重述。一般在正式文件中，下级不应轻易挑战和触碰上级的权威。但在向省级有关单位进行工作汇报和私下沟通等努力失败后，市级选择通过上报文件草案的形式对上级底线进行试探，此举客观上已经构成对省级权威的轻微挑战。然而，通过上报待批的公文形式，市级又有效利用了科层体制中的文件请示和流转逻辑来避免上级的震怒与惩罚：如果被批准则此次谈判成功；如果被否定或修改，则是考虑不周被上级及时纠正，并留有余地继续下一轮谈判。

在政府间谈判过程中，除了正式的谈判形式如文件层级流转、会议、座谈和协商外，还存在着大量基于社会关系的非正式沟通方式如单独和私下的请示、汇报和交流协调等（周雪光、练宏，2011）。非正式渠道主要利用个人关系和私人情感，更具有灵活性，能够以情感、关系和面子等私人化形式补充并缓和正式谈判的"理"和科层紧张关系。但在A市与省级多轮谈判过程中，谈判的载体主要依赖正式文件，如上级对下级有征求意见稿和商请，下级对上级有书面反馈、上报稿和请示等。市级虽然数次向省级派员进行沟通汇报，但这些非正式渠道对谈判结果的达成只起到信息传递的间接帮助作用。在此期间，市级部门领导鲜少以个人身份与上级沟通。究其原因，在常规状态和动员状态下的谈判中，谈判直接涉及工作考核和部门利益，主要领导有动力通过正式和非正式方式进行讨价还价，也往往能被上级理解；而在条块改革的情形中，以私人身份参与，可能给上级留下阻碍改革的印象。而围绕正式文件进行的来回谈判，则能够通过公事公办形式来间接表达意愿（何艳玲、汪广龙，2012）。

四 谈判空间的初现：省级模糊性"开口子"

虽然 A 市在上报的工作方案中提出的对上收人员待遇"参照 A 市市属事业单位工资标准"的意见未被采纳，但省里在修改回的政策表述上增加了"其他"二字，表明该问题走向深度谈判。为何当市级试探省级权威后，省里会开了个模糊的口子？

中国地域辽阔，各地差异颇大。环保垂直管理改革的实施在保证决策一致性的前提下，还需要照顾各地的情况差异。为此，中央文件在制定时有意留有许多空间，交由地方自主调适以保证其灵活性（薛澜、赵静，2017；周雪光，2011）。第一轮谈判结束后，省级已经印发全省的统一方案。到各市制定本市工作文件时，中央对各省授予灵活性的安排也在省与市之间重复，各市保留有依据本地情况进行调适的空间，A 市以此为基础对谈判空间进行试探。省级在收到 A 市更多正式和非正式反馈意见后也同意给予空间，因此在修改 A 市方案时，相比省级正式方案增加"其他"二字。增加两字看似改动不大，但通过对市级上报文件的修改，省里也表达了进一步谈判的意图和信号，即允许市级有调整空间，但该空间的大小要由市级来论证并经省级同意。上级通过对市级上报方案的否定和修改，既表达了政策刚性的一面，也传递出对下级政府反馈信息的重视，并保留了对市级方案的主动性和最终的裁判权威。对中央权威文件中的宽泛论述，上下级还需要通过进一步协商沟通来达成协议并适应地方具体情形。

五 谈判参与方的扩大：涉改人员的陈情

既有政府间的谈判研究多将各级政府和机构视为主体，或者将党政领导视为核心行动者，而将部门内部具体工作人员视为被动参与者或领导意愿的简单执行者，忽视了他们的自身利益和理性考虑。这种忽视在日常或运动式治理过程中的政府间谈判里或许影响较少，但是历次机构改革常常伴随着大量机构和人事裁撤、冻结、下放、转岗等，涉及人员并非完全被动的接受者，他们的利益诉求在谈判时可以起到重要推进作用（O'Brien et al.，2020）。

A市环保部门在前两轮谈判过程中已向上级汇报上收人员的待遇落差信息，但当时上收人员尚未明确，未能自主开展相关行动。抽签后，上收名单确定下来，涉改群体正式形成并作为利益相关方开始独立加入谈判。涉改人员认为，如果按照省级环保垂改方案中的工资待遇执行，不仅具体人员实际工资薪金会受到影响，而且包括A市相对优势的个人医社保体制、公积金和工会福利等工资配套政策都难以享受。作为改革最直接的利益相关方，他们在陈情书中详细列举在上收省级管理后，个人享受人才补贴、轮岗、户籍、子女教育、租住房优惠政策等多个可能存在的待遇落差问题。涉改人员诉苦道：

> 我是作为专业技术人才被引进A市的，A市承诺我服务一定年限，将分期分批给予人才补贴……如果我此次改革被上收，按照人才引进政策，我不仅不能获得后续的人才补贴，还有可能要承担未满服务年限退还已领到的补贴的风险……上收后每年的待遇又降了那么多，如果真的按省里的政策来执行，对我来说损失太大了！跟我一样情况的还有好几个，我看他们也是难以接受的。（访谈编号：201904T）

> A市现在房价这么高……如果上收之后，按政策规定不能再享受租房优惠，又加上要养小孩，经济压力真的很大。（访谈编号：201904S）

涉改上收人员利用省、市两级各种可能的官方渠道反映问题，先后向省、市环保主管部门和省、市信访专线等相关职能部门呈送反映A市环境监测机构拆分、人员分流相关问题的陈情书、诉求书若干。涉改群体作为参与谈判的第三人，他们独立发声，拥有独立谈判方式和渠道，并不简单依靠市级政府代为发声，甚至在立场和诉求上也与市级政府不完全一致。

六 谈判空间的扩展：援引中央文件与准退出策略

在谈判中，下级可以借助中央权威文件中于己有利的内容，来与上级谈判。例如涉改人员在陈情书中有多次引用中央文件作为自身诉求的有力依据。陈情书提出了数条对垂直管理改革的疑问，如中央环保垂直管理改革指导意见中提及的"人员待遇按属地化原则处理"未被省级垂直管理改革部门采纳，有违中央文件精神。他们写道：

> 依据中央……指导意见第六点第十九条要求："人员待遇按属地化原则处理"；全国其他试点省市，如河北、山东、江苏、湖北、江西、唐山均采用正式文件确定"人员待遇按属地化原则处理"。根据以上文件要求及其他省市的做法，我们强烈要求工资待遇属地化……确保人员待遇不低于本市同等事业单位人员水平。（资料来源：《陈情书》，名称后改为《诉求书》）

市级部门和涉改人员还援引其他地方和其他部门补差待遇政策作为先例，希冀省级在制定和修改方案时参考，以使政策的灵活变通有例可循。通过列举中央文件与援引成功案例，下级政府提升了在谈判中诉求的合理性，促使上级政府在了解中央政策和参照其他成例后考虑是否可能进行让步，并利用中央文件的权威性和成例的经验来预估政策成效和减少政策风险（叶林、杨宇泽，2016；O'Brien & Li，2006）。

除了援引中央文件和其他成例，市级和涉改人员在谈判中运用了威胁退出和准退出的策略，有意将人员待遇问题框饰和升级为改革的障碍。一是将解决上收人员待遇问题转化上升为推动整个环保垂直管理改革落地的问题。市级表示，如果该问题不解决，即使在行政强制下勉强完成职能和人员的上收，A 市未来的环境质量监测任务仍将面临巨大的不确定性和阻力，甚至可能影响改革的顺利实施，成为一种"可信性威胁"和准退出方式（周雪光、练宏，2011）。二是涉改人员反复通过官方渠道表达不满和反馈自身诉求，试图用扩大影响、升级事态的表达方式，迫使上级官员重视和关切。在推进改革的关键时刻，待遇问题上升为改革风险问题，是各级官员希望避免的。

在全国推进环保机构垂直管理改革的背景下，省市两级都面临着很大的时间压力和成本代价。由于省级在谈判过程中同样不可退出，因此难以完全拒绝市级在政策范围内的合理诉求。市级部门和涉改人员的一系列拖向底线的谈判策略消弭了上下级和涉改人员之间不对等的谈判关系，成功促使具有强势话语权的省级部门重视待遇问题，从而争取到上级的让步。

第四节　谈判模式和谈判空间的运用机制

环保机构改革实施方案是省以下垂直管理，中央在垂直管理改革方案中只明确了大致方针，允许各地进行调整以兼顾地区差异，具体实施过程交由省与市、县之间在中央既定方案下进行协商谈判。在三次谈判由浅到深的渐进过程中，从看似谈判空间微小，到省级开口子，再到谈判空间被进一步打开并最终实现妥协，各方博弈都在特定谈判模式的限定下进行，对谈判策略的有效运用促进了最终结果的达成。

一　维护组织权威下的有限博弈

机构改革和条块变动是中央为国家整体施政考虑的重大制度性安排，一旦确定，就具有很强的行政效力。在各省落实改革的过程中，即便充满着各种博弈和谈判，省、市和县等各级政府从"讲政治、顾大局"的角度来说，也必须落实改革而无权退出。谈判各方不可以质疑环保机构垂直管理改革的必要性，也不能在垂直管理改革的核心要求和精神上打折扣，有着高度的政治自律，谈判主要集中在改革中的一些细节和配套问题。本书将这种谈判模式归纳为"维护组织权威下的有限博弈"。其特征有二，一是省市两级在科层结构的不对等权威关系下进行谈判，下级需要维护上级的权威；二是双方有限的博弈本质上都围绕着中央文件的表述，并始终维护中央权威。

科层结构使省级享有法理和政策上的权威，在博弈中处于优势地位。省级依据权威地位优先出价，并在谈判过程中始终坚持维护权威，以此获得于己有利的结果，这是虽未言明却充分利用的策略。作为垂直管理改革谈判的权威方，省级政府最初借力中央文件的权威性先行通过统一方案。采取这种策略主要是出于完成目标的便利性和改革成本的考虑。一方面要完成目标，维护省级政府在垂直管理改革中的权威，确保各项改革任务能够被重视、接受和落实。另一方面也是控制风险。省级政府最初在涉改人员工资待遇这一非改革核心问题上坚持己见，是认为如果给予 A 市特殊的待遇政策，会造成其他地市上收人员"同工不同酬"的落差心理，不利于将各地市上收的监测队伍整合为一体的计划，将顿挫改革政策的锐气，增加改革目标完成的成本和难度。同时，如果在改革方案中对 A 市工资待遇政策单独表述，也会面临一定的政策风险，如违背统一工资规则等。

市级和涉改人员在多轮谈判的交锋中始终处在科层结构的相对劣势地位，属于谈判的被动方（何艳玲、汪广龙，2012）。因此市级即便多次试探和挑战了省级权威，仍一直按照上下等级间的既定规则进行谈判，保全了省级的权威。在谈判策略上，市级和涉改人员采取威胁退出或准退出方式，更多是在象征意义上借这些策略来向省级争取中央权威文件允许的政策优惠。从谈判结果看，市级虽争取到了实际的利益补差，但这些内容本身在中央权威文件的规定范围内。市级未能争取到省级在全省方案表述上的专门照顾，而只是通过打补丁的补差政策获得了让步。省级政府在未对改革方案进行修改的情况下，仅通过单独行文的方式给予照顾，便保留了权威和未来的主动权。

二　谈判空间的合法性与合理性

在科层体制中进行上下级谈判，需要遵循合法性和情理等多重逻辑（周雪光、练宏，2011）。既有研究指出，政府内部的上下级谈判基于正式科层关系并经由正式程序运作，上级的谈判优势地位来源于科层等级体系里的不对等权威关系，而下级欲使谈判空间拥有合法性基础，就需要在科层结构中通过请示、申请、申诉等正式方式提出自圆其说的解释，并尊重上级的权威和最终意愿。中央作为环保机构垂直管理改革的发起方，则为谈判中的地方上下级博弈均授予了额外的合法性。一方面，垂直管理改革要从地方抽离出"条"的方式来遏制"块"的偏差，以减少委托—代理机制中出现的问题，本身是对既有地方利益格局的深刻改变，这种改革需要有极高的权威推动。而由中央发起这一改革，便授予了地方上级对下级重塑条块关系的合法性，使地方上级可以借力中央权威较为刚性地推行改革。另一方面，我国地域辽阔，各地多有差异，如果上级政策过于刚性，地方下级在执行过程中容易出现各类偏差、变通和应付检查等现象，反而有损国家权威和改革目标（艾云，2011；冉冉，2014）。因此，中央指导文件在表述中明确照顾下级的既得利益，还有一些模糊性表述给予了下级向上级进行谈判的空间，借此以"中央定调、地方商谈"的方式，授予了地方下级向上级索要谈判空间的更多合法性（Zhan & Qin，2017）。中央文件虽原则上不退让，但有意宽泛论述，并将"转译"落地的过程交由地方内部自行协商。此举在有益于地方因地制宜进行调适的同时，保留了中央决策的权威性（吕方、梅琳，2017；薛澜、赵静，2017）。通过这种方式，中央既可以实现用"条"的方式来纠正和约束"块"的偏差，防止地方环保政策的持续偏离对国家权威造成损害，又可以在改革过程中兼顾各地的差异，体现出国家在决策一统性与地方灵活性之间的平衡用意（周雪光，2011）。

在合法性的基础上，谈判空间的论证也需要合理合情。上下级在谈判中对两个关键问题的处理体现出这种逻辑。第一是直面各方利益的重新分配，尽可能减少涉改群体的损失，使他们拥护改革。第二是确保谈判结果不会损害改革核心目标。省以下垂直管理改革在环境监测上要达到的目的是完成部分监测职能和监测队伍的上收，形成新的环境监测监管体制，以有效应对地方保护主义对环境监测数据真实性的干涉，加强对各地环境质量的有力管控和督导。从长远来看，虽然短期内由市级财政补贴待遇的做法有碍监管的独立性，但这种影响会随时间而逐渐消弭。机构垂直管理改革落地后，随着省驻市监测机构不断吸收新人和原有上收人员的逐步离退，环境监测的独立性将在未来逐步增强。另外，待遇补差政策也无须上级承担经费。这些合理因素是谈判最终能够获得上级让步的基础。上级这种放眼长远，既坚持原则，又适度让利以促成改革落地的智慧，在诸如分税制改革等历次机构改革中亦有出现。

第五节　小结

本章呈现和分析了在中央推动环保机构垂直管理改革进程中，省市两级政府和部门间是如何在看似少有讨价还价空间的情境下，逐步深入谈判并达成最终协议的。谈判过程虽然增加了改革的成本，但又是改革过程中时常不能绕过的步骤。环保机构垂直管理改革虽仅为一家机构之改革，但其模式亦具有一定的代表性。通过分析这一改革的内部整合和协商博弈过程，本章力求梳理和审视机构条块改革中的上下级谈判的微观面貌和行为逻辑，有助于为未来政府机构改革提供有益经验。

本章的研究发现有几个启示。一是在机构改革和条块变动这种由中央推动的自上而下的改革进程中，上下级政府有清晰的谈判界限和默契。整个事件自始至终，无论其内心对改革举措持何种态度，各方都没有对环保机构垂直管理改革的必要性提出疑问，也没有在垂直管理改革的核心要求和精神上打折扣，有着高度的政治自律。二是在高度的政治自律下，又有充分的个体意识表达，两者间达到微妙的平衡。出于对自身利益保护的需要，涉改群体敢于发声和善于发声。三是上下级政府间谈判呈现出高度的灵活性和策略的多样性。谈判渠道有正式和非正式的，谈判策略有温和与强力之分，谈判对象在各自角色上各司其职。这是一个制度并未明确，但互动活跃、内容丰富的谈判。作为一个重要的组织现象，政府内部上下级进行谈判的情境不时存在，且针对单一事项进行反复博弈的情形可能会更经常出现。在特定情境的约束下，辅以合理的策略和技巧，上下级能够达成妥协一致并更好地推进改革进程和提升治理水平。

第十章

运动式治理如何走向常态化:海关进口固体废物监管模式的融合与重构

运动式治理是一种特色鲜明的治理模式,能够迅速统一思想、集中治理资源并在短期内取得显著的治理成效,广泛存在于政府治理中的许多领域。海关在监管中也广泛采用运动式治理,甚至高度依赖之。近年来海关开展的各类专项行动不胜枚举,如反走私专项行动、缉毒专项行动,打击成品油走私专项行动和进口固体废物监管的"绿篱"和"蓝天"系列打击行动等。虽然海关开展了许多专项行动,但唯有进口固体废物监管领域的运动式治理经历了零星出现、盛行、嵌入、融合和重构等过程,并向着常态化治理转变,具有特别的研究价值。

运动式治理有明显缺点,包括人治色彩、治理资源消耗大和治理效力难持续等。既然运动式治理饱受诟病,又为何广泛出现于政府各部门和层级?其能否转向常态化治理?这种转变是否有其内在的机制,需要符合怎样的情境?海关领域的运动式治理是否有独特之处?海关为何高度依赖运动式治理?本书分析海关在进口固体废物监管中从运动式走向常态化的具体案例,旨在展现运动式治理向常态化转型的过程和背后逻辑。

第一节 运动式治理:研究综述

一 运动式治理的缘起与特征

运动式治理既根植于科层制体系,又颠覆其稳定的结构。科层制要素包括明确规则、上下级制度、专业化人员和场所（韦伯，2020）。国家的治理活动十分依赖于科层制。当代中国科层体系常被称为压力型体制（荣敬本等，1998），但在其中，学者们观察到存在诸多治理失效的情况，包括政策执行不力、政策变通、政策阻滞和上下级政府间的谈判与共谋等（周雪光，2009；周雪光、练宏，2011）。运动式治理正是为应对科层体制中的积弊问题而出现的。诸如运动式执法、巡视督查、领导小组以及党政交织机制等都有一些运动式的特征（陈家建，2015；原超，2017；周雪光，2012）。

学者们对运动式治理进行了多角度的深入研究。在早期主要讨论"什么是运动式治理"以及"运动式治理有哪些弊端"时，不少学者对运动式治理持较为否定的态度，认为它有违法治精神、治理效果难以维系和有损治理主体的权威等，纷纷提出"告别运动式治理"等类似观点（郎友兴，2008）。这个时期的批评可归纳为"执法不法、治国误国、维稳不稳、管理缺理"四个方面（杨志军、彭勃，2013）。

既然运动式治理有这么多弊端，为何还在不断发展壮大呢？学界主要从几个角度作为研究的切入点：其一，路径依赖逻辑。这一观点认为运动式治理是对中国传统治理模式的传承，同时也是将革命战争时期、群众运动时期、严打运动时期等经验进行传承和运用的结果（刘鹏，2015；杨志军，2015）。其二，有效性逻辑。运动式治理可以集中有限的国家治理资源解决在常规治理中不易解决的突出社会问题（唐皇凤，2007）。例如在需要多部门联合监管、涉及社会重大问题或者时限要求很高时，运动式治理常常能起到很好的效果（刘鹏，2015）。其三，现实所迫的无奈选择。一些学者们认为运动式治理是一种无奈但符合现实的选择，并具体提出了社会资源有限说、治理工具有限说、科层官僚制局限说、社会动员能力下降说和纠偏机制论等解释（李有学，2014；王连伟、刘太刚，2015）。

随着对运动式治理研究的深入，学者们进一步将运动式治理与国家治理逻辑、组织社会学等结合，提出了一些新的观点。周雪光（2012）从国家治理逻辑角度出发，认为一统体制和有效治理之间是存在天然矛盾的，而运动式治理则是用来调和这种矛盾的工具之一，它通过不时地运动来规范灵活性的边界，从而在中央权威和地方有效治理间保持一个动态的平衡。学者们也通过实证和理论研究发现，运动式治理在特定情境下有利于通过快速解决社会积弊，并为政府重回常态化科层体制铺平道路（唐皇凤，2007；倪星、原超，2014）。学界对运动式治理的评价逐渐转向有限否定与类型化承认的评判取向，在充分承认其积极影响的基础上，也对运动式治理保有一定的批评（杨志军、彭勃，2013）。

二 运动式治理向常态化治理的转变

从2015年开始，对于运动式治理的研究更多地采用田野和案例等实证研究方法，研究重点也逐渐转向运动式治理如何向常态化治理转型。过去有学者认为，运动式治理与法治化治理相对立，无法向常态化转型（李晓燕，2015），或认为运动式治理应成为常规治理的补充，运动式治理不能也无须转型（冯志峰，2010）。然而更多学者从不同领域的运动式治理实践中总结提炼出转型的成败得失和路径方向。例如在对计划生育工作、食品安全和"清无"专项等领域中，学者们展示了在目标责任制等压力下，运动式治理走向常规化的过程及其背后的多重逻辑（陈恩，2015；刘鹏，2015；倪星、原超，2014）。运动式治理虽能够部分消解常规治理中的问题，但也逐渐被常规治理所消解吸纳，逐步成为并创造出更多的稳定的"仪式"。

还有一些研究提出了运动式治理的转型方向和过程形式。学者们提出了运动式治理与常态化治理共存和交融的一些形式。基于对创建文明城市和示范城市评比的考察，学者们认为运动式治理在发展中，可以逐渐与常态化相结合，形成"制度化的非制度安排"，并提出了"常规运动""常规嵌入运动"等概念和解释性框架（刘志鹏，2020、文宏、杜菲菲，2021）。这些研究旨在剖析运动式治理得以转向常态化的过程与机制，实现更为合理的治理资源配置。

三 文献评析

对于运动式治理的研究主要经历了几个阶段。第一是初步阶段，提炼特定概念，描述运作方法，探究与经典科层制的异同和弊端。这时学界更多持否定为主的态度。第二是深入阶段，深入探寻背后的组织学逻辑，持更加理性的态度。第三是应用和发散阶段，开始运用理论解析具体案例，重点探讨转型的可能方式，观察研究运动式治理和常规治理融合存在的新形式。

目前，运动式治理及其向常态化治理转型均已经有相当丰富的研究。但是，现有研究多数集中在地方的"块块"上，对"条条"的领域研究还较少。究其原因，从中央到地方的多层级治理结构使中央对地方各级的管控与纠偏更为频繁，同时基层中横向"块块"中的上下级关系也更易于学者进入和观察，而垂直管理的"条条"关系在部门数量上较少，并因为垂直管理的原因，常被外界认为上级对下级的管控能力较强，导致对其中的上下级关系研究较少。但在实际工作中，"条条"领域的上级也常发动运动式治理来动员和约束下级。海关领域便是一个例子。作为垂直管理体系，海关日常监管主要通过在各个地方的基层海关具体进行，也有着上下级科层体系中的激励、压力和控制等问题。其中，进口固体废物的监管又与其他监管领域有明显差异。进口固体废物有着监管对象易于流动的特点，每当某一海关口岸执法力度加大，违规进口固体废物便会流向其他口岸，削弱实际治理效果。因此，单一海关的专项行动未必能够达到效果，往往需要各地海关一同协作。直属"条条"管理和执法效果全国联动的特征使海关对进口固体废物监管运动式治理与其他领域别有不同。

本书将在现有研究基础上，从运动式治理转型的视角，观察分析海关对进口固体废物监管模式的转变过程，试图从学理角度探寻固体废物进口监管领域中，运动式治理如何从零星到盛行，继而转向融合与重构的一系列转变背后的逻辑，对转型过程进行阐释和总结，从而增进对运动式治理及其转型的理解。

第二节　案例：海关对进口固体废物的监管

固体废物[①]具有废物属性和资源属性，作为海关监管对象的进口固

---

① 《固体废物进口管理办法》中所称固体废物，是指"在生产、生活和其他活动中产生的丧失原有利用价值或者虽未丧失利用价值但被抛弃或者放弃的固态、半固态、液态和置于容器中的气态的物品、物质以及法律、行政法规规定纳入固体废物管理的物品、物质"。所称固体废物进口，是指"将中华人民共和国境外的固体废物运入中华人民共和国境内的活动"。

废物可以分为两类，一类是跨境输入的废旧生活垃圾，以废物属性为主；另一类是可回收再利用的固体废物，以资源属性为主。

第一类废旧生活垃圾又被称为"洋垃圾"，是过去一些发达国家因为自身环保要求严格但无害化处理成本高昂，故意向发展中国家输出的垃圾。具体包括废矿渣、废催化剂、废轮胎、废电池、电子垃圾等工业废物和旧服装、建筑垃圾、生活垃圾、医疗垃圾和危险废物等。改革开放初期，我国没有明确法律禁止其进口，这些洋垃圾进口后经过人工分拣仍然能榨取出一些经济价值，所以当时有大量洋垃圾涌入。随着国家对环境保护重视程度提高和经济水平增长，我国已禁止进口这类垃圾。但是由于利益驱动和输出国的纵容，仍有零星生活垃圾入境。

第二类资源性固体废物（如废塑料、废纸、废金属）经过严格处理后可再利用，体现资源价值，符合绿色发展理念。然而，其利用仍对自然资源有消耗，且会造成环境污染。从改革开放以来，我国在不同发展阶段对这类固体废物进口有不同的态度。整体来讲，政策逐渐收紧，最终于2021年全面禁止固体废物进口。

从1991年国家环保局和海关总署联合发布《关于严格控制境外有害废物转移到我国的通知》开始，海关对进口固体废物的监管经历三个阶段，第一个阶段为1991年至2014年，运动式治理逐步开展，包含了一个高峰——"绿篱"行动；第二个阶段为2015年至2020年，运动式架构开始包裹常态化要求；第三个阶段是2021年之后，监管模式在重构与吸纳后进一步常态化。接下来将详细讨论这三个阶段和"绿篱"行动高峰。

一 第一阶段：运动式治理逐步开展与常态化治理初露端倪

1991年至2014年，海关的运动式治理经历了从无到有的过程，2013年"绿篱"行动将运动式治理推向高峰，而常态化监管体系也在这个阶段逐步建立起来。

（一）运动式治理逐步开展

20世纪90年代中期开始，有关"洋垃圾"危害环境和人体健康的报道频繁出现在媒体上，引起国内广泛关注。每当社会反响强烈、领导作出批示或地方政府开展环境治理时，海关就会开展"专项行动"，以达到短期的治理目标。在2013年之前，这些"专项行动"呈现以下几个特点。

第一,规模较小。在地域上,通常仅覆盖一个城市,所对应的一般仅为隶属海关或者是直属海关层面,甚至仅限于具体口岸。在时间方面,由各直属海关、隶属海关开展的专项治理往往历时较短。

第二,独立性较弱,通常与其他专项行动结合。在海关打击各类走私物品的专项行动中,不时将进口固体废物作为专项行动中的部分内容来开展,并且通常是联合或者配合其他部门开展的。

第三,治理效果维系时间短暂。这一阶段海关采取的运动式治理规模小、时间短、独立性弱、针对性不足,导致对于进口固体废物的监管时断时续,监管力度时强时弱,治理效果维持的时间短。此外,海关对进口固体废物的监管对象有易于流动的特点。每当某个海关口岸执法力度加大,违规进口固体废物就会流向其他口岸,削弱了实际治理效果。

(二)常态化治理初现

虽然在这一阶段运动式治理仅零星开展,但海关对进口固体废物的常态化治理已经逐渐出现。在这十多年里,海关制定了许多法律和文件,为后续常态化监管搭建起了基本框架。其中许多原则和架构一直沿用,如许可证管理模式、"三个100%查验"要求①和重点固体废物分类装运规定②等。

表10-1　　1991—2012年固体废物进口相关法律及文件

年份	相关法律及文件	发布主体	进口固体废物相关内容和意义
1991	《关于严格控制境外有害废物转移到我国的通知》	海关总署、环保总局	认识到有害废物跨境转移的危害,从制度上明确将进口固体废物作为治理对象

---

① 三个100%查验:配备集装箱检查设备(简称H986)的海关,100%过机查验,未配备H986的海关100%开箱实施人工彻底查验,对运输进口固体废物的车辆100%过磅称重。

② 重点固体废物指允许进口的废金属、废塑料、废纸三大类;分类装运规定指集装箱运输模式下,一个集装箱只能装载单一类别的重点固体废物,散装运输模式下,进口两种以上重点固体废物必须分拣后再申报。

续表

年份	相关法律及文件	发布主体	进口固体废物相关内容和意义
1996	《中华人民共和国固体废物污染环境防治法》	全国人大	从法律层面规范固体废物管理要求,采用目录式管理
2004	《中华人民共和国固体废物污染环境防治法》修订	全国人大	引入许可证管理方式,并增加行政复议途径
2006	《固体废物鉴别导则》试行	环保总局、国家发改委、商务部、海关总署、质检总局	明确固体废物的定义、范围以及固体废物与非固体废物的鉴定要求
2007	《海关总署关于加强处置违法进境固体废物管理工作的通知》	海关总署	明确非法入境固体废物的处置、移交、联系配合
2008	《关于发布固体废物属性鉴别机构名单及鉴别程序的通知》	环保总局、海关总署、质检总局	确立了固体废物属性鉴别机构名单及鉴别的一般程序、重新鉴别、监督管理规定
2008	《〈禁止进口固体废物目录〉、〈限制进口类可用作原料的固体废物目录〉和〈自动许可进口类可用作原料的固体废物目录〉的公告》	环保总局、国家发改委、商务部、海关总署、质检总局	明确不符合规定的固体废物按照禁止进口固体废物管理,海关责令进口人或承运人退运
2010	《海关总署关于重点固体废物进口实施分类装运管理的公告》	海关总署	对废纸、废金属、废塑料实施分类装运,不允许混装;提出进口固体废物加工管理园区概念,并给出优惠政策
2010	《海关总署关于进一步加强进口固体废物监管工作的通知》	海关总署	提出进口固体废物"三个100%查验"要求,以及欧美日直航的除外条款
2010	《海关总署关于对重点固体废物规范申报的公告》	海关总署	结合普通商品规范申报要求,对进口固体废物的申报进行具体要求

续表

年份	相关法律及文件	发布主体	进口固体废物相关内容和意义
2011	《固体废物进口管理办法》	环保部、商务部、发改委、海关总署、质检总局	对固体废物的进口方式、许可证管理方式等做了详细规定，明确了固体废物规模化管理的指导性规定
2011	《进口可用作原料的固体废物环境保护管理规定》	环保部	要求进口固体废物的国内加工企业每季度汇报经营情况，为管理企业打好基础

资料来源：笔者自制。

（三）执法架构与政策执行中的问题

从1991年开始到2013年"绿篱"行动开展前，海关越来越频繁采用运动式治理对进口固体废物进行监管，使20世纪90年代初期"洋垃圾"大肆进入的局面得以改善。但在2013年前，"洋垃圾"进口走私行为仍高发。零星的运动式治理无法长期维系治理效果，主要原因是在2013年前，海关在执法架构和政策执行中还存在诸多问题。

第一，各地海关执法不统一。我国海关采取海关总署—直属海关—隶属海关的三级管理模式，各口岸的隶属海关具体负责进口固体废物监管，在日常执法和专项行动中出现"一个关一个做法"，造成执法不统一。走私分子通过对比各地海关实时的政策，在口岸间流动，寻找监管漏洞。

第二，内部部门间"各自为政"。海关内部主要由监管查验部门负责进口固体废物的日常监管，而打击"洋垃圾"走私的临时行动则多由缉私部门主导。横向部门之间缺少顺畅的联系合作机制，常处于"各自为政"的状态。

第三，与其他政府部门合作受限。在进口固体废物监管领域，环保、质检与海关的合作一直存在欠缺。2011年环保部、海关总署、质检总局建立了部委层面固体废物进口管理和执法信息共享机制，组建了专门的工作组。然而在实践中，质检部门掌握境外装运前检验等信息，环保部门掌握着具备环保资质利用企业信息，海关掌握着经营单位实际进口等信息，这些信息未能实现实时共享，限制了政府部门间的合作。

第四，许可证管理制度作用有限。该制度作为固体废物进口监管的基础，在实践中却普遍存在着许可证的非法倒卖和租借现象（刘学之、张婷、孙鑫等，2017）。环保部门负责许可证审批，但难以实时掌控固体废物进口情况。同时，海关对许可证倒卖现象没有处罚权限，而环保部门的处罚力度较小，两部门之间缺乏合作，导致非法倒卖转让现象层出不穷。

二 第一阶段的高峰："绿篱"行动

随着固体废物进口规模不断增加，洋垃圾事件报道频现并引起民众关注，中央提出加强对洋垃圾进口管理，要求环保部、海关总署牵头会同商务部、质检总局、工商总局、公安部和卫生部等部门查找漏洞、加大查缉和惩处力度。海关总署由此在2013年开展了为期10个月的打击洋垃圾走私"绿篱"行动。

（一）"绿篱"行动主要做法

"绿篱"行动（Operation Green Fence）是第一阶段海关进口固体废物监管的政策延续和一次集中体现。"绿篱"行动的主要做法包括：

1. 成立专项行动领导小组。总署层面由副署长担任组长，组员为各相关部门负责人，并设办公室，抽调专人开展督导检查。直属海关和隶属海关层面参照成立领导小组和办公室，形成了三级领导小组模式。[①] 为彰显对专项行动的重视，各级海关都由一把手或者二把手担任组长，其他主要领导担任副组长和组员。

2. 采取更为严格的监管措施。首先，缉私局增加海上巡查频率、提高水上登临检查比例、对走私多发地点进行突击检查等。其次，通关和查验部门更加严格地执行分类装运规定、"三个100%查验"、固体废物转口转关管理以及固体废物退运要求等原有措施，并颁布新的更为严格的监管措施，如"就近口岸"报关制度、再生资源圈区化管理等，以规范允许进口的固体废物。

3. 穿插整合小型专项行动。"绿篱"行动历时长、覆盖广，包括了不同条线，不同时期的多个小型专项行动。在稽查领域，由稽查部门针对

[①] 海关总署：《"绿篱"专项行动工作方案》，2013年。

所有固体废物进口及加工利用企业开展全面专项稽查行动。在风险领域，开展固体废物走私专项风险采集、风险分析、风险布控行动。此外，联合环保部于 2013 年 10—12 月开展联合行动；在世界海关组织（WCO）框架下发起全球范围内第三期"大地女神行动"，打击从欧洲、北美向亚太地区走私有害废物。同时，各隶属海关自行开展了小型专项行动。

4. 强化部门间协作。各部门在领导小组的要求下制定了与"绿篱"行动相配合的行动方案。领导小组作为打通各条线壁垒的协调机制，要求监管和缉私部门作为主要部门同时负责组织推动任务，各保障部门协作合作，督审、纪检等监督部门随时进行监督检查。

5. 联合横向单位。海关牵头联合环保、质检等部门进行联合执法。主导召开专题管理研讨会，解决"鉴定难、处置难、退运难"等突出问题。各隶属海关加强与地方政府的联系，联合公安、工商、海事等各部门展开突击行动。

6. 采取直通式督导检查，严格执行奖惩制度。开展专项督导检查，一些检查采取不打招呼、直插一线基层的方式，以跨科层的督查方式，避开上下级之间的"掩护"，防止被检查部门提前准备。通过督查机制将专项行动的压力逐级传导，确保政策措施不偏离。同时，严格执行奖惩，对工作不力的情况直接给予通报批评，并追究领导责任；而对工作卓有成效的单位和个人，则增设专项嘉奖。

（二）"绿篱"行动的成效

2013 年前，我国固体废物年进口量呈现逐年上升的趋势，"绿篱"行动启动后，进口量立刻缩减至约 4000 万吨（见表 10 – 2）。在"绿篱"行动的高压打击下，不符合进口要求的固体废物入境得到了遏制，2013 年废物贸易的进口量和进口额明显减少，行动成效显著（Sun, 2019）。

表 10 – 2　　　　　2006 年到 2020 年固体废物进口情况表

年份	进口量（万吨）	进口货值（亿美元）	平均单价（美元/吨）	年份	进口量（万吨）	进口货值（亿美元）	平均单价（美元/吨）
2006	3816	131	344	2014	4455	275	618
2007	4193	197	470	2015	4473	220	491

续表

年份	进口量（万吨）	进口货值（亿美元）	平均单价（美元/吨）	年份	进口量（万吨）	进口货值（亿美元）	平均单价（美元/吨）
2008	4547	132	290	2016	4328	180	416
2009	5988	224	374	2017	3961	224	565
2010	5143	317	617	2018	2242	167	745
2011	5753	405	703	2019	1349	115	852
2012	5892	366	621	2020	718	68	953
2013	4850	323	666				

资料来源：海关内部数据。

（三）"绿篱"行动的不足

"绿篱"行动是海关开展的首次全国性打击"洋垃圾"走私的运动式治理过程，取得了显著的成效，但是也暴露了一些缺陷。

第一，占用过多治理资源。当时全国海关仅有约5万人，保证日常监管已经很紧张。"绿篱"行动布置了大量突击检查、海上巡查和企业全面稽核，占用了大量治理资源。在强大的科层压力和随时被督导检查的担忧下，各下属海关只能优先保障"绿篱"行动，从而弱化了其他领域的日常监管。

第二，损害合法企业利益。首先表现为过度执法倾向。进口固体废物监管复杂，自由裁量权大于其他商品。在运动式治理期间，监管一线一方面追求"出成绩"，另一方面唯恐犯错误，所以往往强调从严监管，对各项措施进行加码。例如针对"三个100%查验"要求，就有地方海关加码为"五个100%查验"；还有地方海关对规范申报、彻底查验等措施从严理解、脱离实际的执行，损害了合法进口企业的利益。其次，存在消极逃避责任现象。在严格的问责机制下，"多做多错、少做少错、不做不错"的想法充斥在部门中。一些地方通过严厉的加码政策，给企业造成障碍，迫使企业到其他关区办理业务，也给其他关区造成监管压力。最后，增加企业时间成本。固体废物的查验率增加，查验要求趋严，基层部门需要更谨慎判断货物合规性，通关时间被拉长。企业抱怨检验程序复杂、耗时长、无法预估，有时候甚至需要数月时间。

第三，海关稽查非进出口企业缺乏法律支持。根据《海关法》，海关有权稽查进出口收发货人（包括经营单位），但是除此之外的企业，海关是否有稽查权，法律并未明确。

三　第二阶段：运动式架构包裹常态化的融合与嵌入

（一）运动式的架构

"绿篱"行动遏制了猖獗的"洋垃圾"走私行为。然而，随着时间推移，运动式治理效果出现衰退。在利益的诱惑下，走私行为有所抬头，相关报道又开始见诸报端。①② 由于"绿篱"行动成效显著，影响广泛，因此海关总署更加依赖运动式治理。如 2015 年强化监管打私"五大战役"行动，2016 年至 2021 年间打击走私"国门利剑"专项行动，都包含了对"洋垃圾"走私的打击。而 2017 年至 2020 年间的"蓝天"行动更是专项打击"洋垃圾"走私的运动式治理。

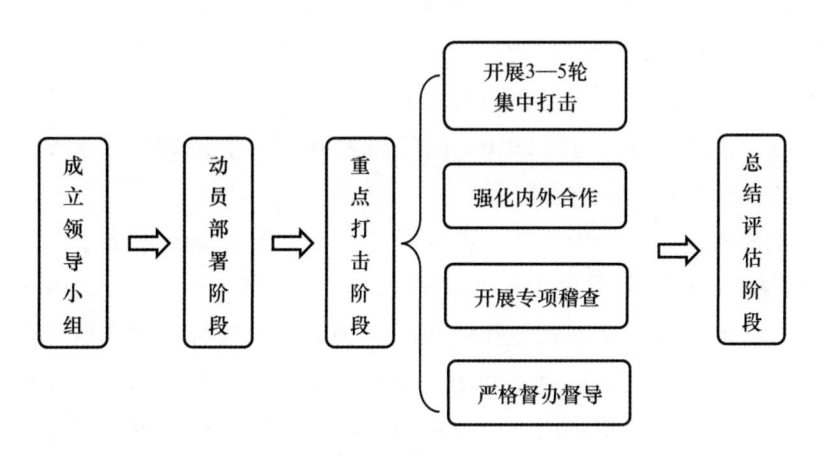

图 10-1　第二阶段专项行动一般流程

资料来源：笔者自制。

以"蓝天"系列行动为例，本阶段运动式治理过程大体如下。

---

① 人民网：《怎容"洋垃圾"二次污染》，http：//env.people.com.cn/n/2015/0106/c1010-26332040.html。

② 央视财经：《触目惊心　中国遭万亿吨剧毒洋垃圾围城》，https：//finance.sina.com.cn/china/20150102/215021214358.shtml。

(1) 成立领导小组，确保领导权威，讨论专项行动方案。(2) 召开动员部署大会，进入为期一个月左右的"动员部署阶段"。(3) 重点打击阶段，全面展开治理。在8—10个月内，各部门打破坚固的条块分割，形成比常规频率更高、配合更密切的执法，并加强与外单位的合作；开展3—5轮全国性集中打击，将平时搜集的走私线索一网打尽；严格落实督察机制，不打招呼直插基层，持续给下级海关施加压力。其间召开季度、半年度等阶段性总结反馈的电视电话会议。(4) 总结评估阶段，进行总结提炼，实施奖惩。所有流程可归纳为：成立专项领导小组、召开动员部署会议、制定和出台行动方案、全面执行行动方案、检查反馈、总结评估（杨志军，2016）。

(二) 常态化特征逐步融入运动式治理

这一阶段的专项行动已逐步规范化、制度化。从启动的时间（每年年初启动）、持续的时间（每年10—12个月，近乎全年开展）、行动方案的内容（采取的措施大同小异）来看，这些专项行动机制已经相对成熟，下级海关和人员可预见性较高。专项行动每年年初定时开展，无须事件触发，政策延续性高，甚至连行动的代号都已相对固定，采用代号加年份的方式，例如国门利剑2016、国门利剑2017，蓝天2019、蓝天2020等，体现出专项治理的规律性。

正因为较高的可预见性，各级海关和经办关员逐渐形成了一系列将运动式治理与常态化工作相结合的办法。一旦产生运动式治理成效，可同时申报为常态化工作的成效。例如，专项行动要求稽查部门开展全面的固体废物进口及利用企业专项稽查，而在常态化工作中就包含类似情况的考核，因此稽查部门可以将专项行动的稽查工作也视作常态化工作的一部分，同时完成考核。这样即使专项行动增加的工作压力较大，也可以提前布置，有计划地分配时间和人手，确保完成常规监管任务。

经过长期经验累积，海关内部各部门形成了一套风险、通关、查验、缉私、稽查和法规等多部门参与的常态化配合流程，大致分为前、中、后三个阶段。前期由风险部门搜集数据情报，交由中期的通关部门和查验部门进行审核和检查，再由后期稽查部门、缉私部门和法规部门等进行立案和执法。这一套固定的工作模式与海关对其他货物的日常监管过程极为相似,从而使部门配合逐渐常态化。

本阶段专项行动与典型的运动式治理或常态化治理都有所不同,是一个运动式框架包裹常态化内容的融合状态,是运动式治理不断成熟后,制度化和规范化程度增强的产物。本阶段专项行动相对于常态化治理,仍有运动式高位推动、部门壁垒打破、科层扁平化的特点,但是本阶段专项行动具有高度可预见性,大大减少资源占有,治理效果也能保持较久。

四 第三阶段：监管模式进一步常态化地重构与吸纳

(一) 驱动力：顶层政策

2017 年,国务院办公厅印发《全面禁止洋垃圾入境推进固体废物进口管理制度改革实施方案》明确指出：逐步减少固体废物进口的种类和数量,全面禁止洋垃圾进口和提升国内固体废物回收利用水平。国家相应发布一系列规定,逐步缩减固体废物进口的种类和数量,进一步规范固体废物加工利用(详见表 10 - 3)。2020 年 9 月 1 日,新版《固体废物污染环境防治法》实施,将逐步实现固体废物零进口明确写入法律。这些举措成为海关进口固体废物监管的直接驱动力和政策保障,推动着第二阶段的运动式和常态化融合的监管模式发生变革,走向进一步常态化。2021 年,中国正式进入固体废物"零进口"的时代。

表 10 - 3　　　　　缩减固体废物进口系列规定

实施时间	相关法律和规范	主要内容
2018.1.1	调整《进口废物管理目录》	新增 4 类 24 种禁止进口固体废物,包括来自生活源的废塑料(8 种),未经分拣的废纸(1 种)等
2017.12.14	《进口废纸环境保护管理规定》	将进口废纸企业的生产能力限制门槛由 30 万 t/a 降为 5 万 t/a
2018.3.1	《进口可用作原料的固体废物环境保护控制标准——废纸或纸板》	规定进口废纸夹杂物含量应不超过 0.5%
2019.1.1	调整《进口废物管理目录》	新增 16 个品种禁止进口固体废物

续表

实施时间	相关法律和规范	主要内容
2019.7.1	调整《进口废物管理目录》	调整 8 种废金属为限制进口固体废物
2020.1.1	调整《进口废物管理目录》	新增 16 个品种禁止进口固体废物
2021.1.1	《关于全面禁止进口固体废物有关事项的公告》	全面禁止固体废物进境

资料来源：笔者自制。

（二）重构与吸纳

全面禁止进口固体废物，并不意味着海关在本领域失去了监管对象或停止这部分监管工作，而是将原来监管对象进行重构的过程。一方面，将部分原先允许进口用作原料的进口固体废物划分为禁止进口的固体废物（洋垃圾）进行管理，包括废塑料、废纸以及其他大部分的固体废物。另一方面，将境外回收分拣的旧金属原料按标准区分，符合的作为"再生金属原料"的普通进口商品进行监管，不再视为固体废物，不符合标准的按固体废物归入"洋垃圾"范畴。2020 年，海关总署联合生态环境部等多个部门发文，规范了再生黄铜、再生铜、再生铝和再生钢铁 4 类再生原料的国家标准和进口管理事项。海关自 2020 年 11 月 1 日开始，逐步开放再生金属原料的进口通关，并于 2021 年 1 月 1 日全面禁止固体废物进口，同时取消了原先的许可证管理制度。

在国家顶层政策的推动下，海关得以将原先的监管对象分解、重构，并将再生金属原料部分吸纳到常态化的进口商品监管中，其余所有固体废物则统一到"洋垃圾"范畴予以打击（如图 10-2 所示）。自此，海关对进口固体废物的监管经历了从第一阶段运动式为主、常态化为辅，到第二阶段运动式与常态化相融合，再到第三阶段部分监管对象常态化、其余部分运动式与常态化相融合的变化过程。

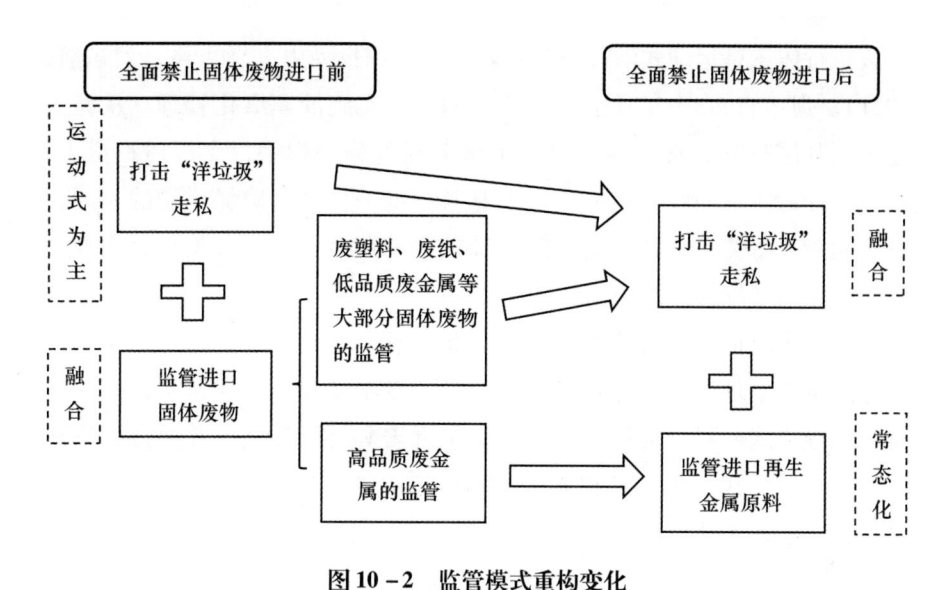

```
全面禁止固体废物进口前                    全面禁止固体废物进口后

┌─────┐  ┌──────────┐     ┌──────────────┐        ┌──────────┐  ┌─────┐
│运动 │  │打击"洋垃圾"│────→│              │───────→│打击"洋垃圾"│  │融合 │
│式为 │  │  走私    │     │废塑料、废纸、│        │  走私    │  │     │
│主   │  └──────────┘     │低品质废金属等│        └──────────┘  └─────┘
└─────┘       +           │大部分固体废物│             +
              │           │  的监管      │
┌─────┐  ┌──────────┐     └──────────────┘        ┌──────────┐  ┌─────┐
│融合 │  │监管进口  │┤                            │监管进口再生│ │常态 │
│     │  │固体废物  │    ┌──────────────┐─────→│金属原料  │  │化   │
└─────┘  └──────────┘    │高品质废金   │       └──────────┘  └─────┘
                         │属的监管     │
                         └──────────────┘
```

图 10-2 监管模式重构变化

资料来源：笔者自制。

第三节 案例分析：运动式治理如何向常态化治理转变

一 推动契机：国家重视和顶层政策

自 20 世纪 90 年代中期开始，有关"洋垃圾"的报道频现，引起广泛关注。国家对此高度重视，开启了海关严格监管的过程。党中央高度重视生态文明建设，对打击"洋垃圾"工作进行批示，由此海关发起"绿篱"行动，并在多次、系列化的运动式治理中出现了一些常态化特征。

顶层政策设计传导出的明确政策理念，进一步推动了常态化治理。2017 年，国务院《全面禁止洋垃圾入境推进固体废物进口管理制度改革实施方案》明确提出了全面禁止"洋垃圾"入境的大方向和阶段性目标要求，促使海关总署研究制定了详细的配套政策，成为监管进一步常态化转型的重要推动力。

二 组织内核：党政一体

海关系统内的高度政治性、党政一体的组织架构和政治行政互嵌的决策执行体系是运动式治理发展和转变的组织推动力（贾秀飞、贺东航，2021）。海关自2003年开始实行关衔制度，实施准军事化管理。从海关总署到基层科室，直接由行政一把手兼任党务一把手，支部建在科上，在人事任命体系和政治机构设置上党政高度一体化，确保了党的领导在场。同时，海关系统高度的封闭性和较少的层级，使得海关总署内部的政治权威所能够发挥的作用更大。

行政系统依靠科层结构实行常态化治理，而党政一体的组织架构便利了运动式治理过程的开启。在行动中，专项领导小组代替了原条块架构的领导方式，对行动任务的进行动员部署和逐级传达，并通过督查机制和"一票否决"的奖惩机制等发挥政治引领作用，由党政一体的组织架构承担着政策执行的全过程。

三　初步转变：形成系列行动

在案例的第二阶段中，"蓝天"系列行动是最具有代表性的进口固体废物监管专项行动，每年固定时间和内容开展。类似成系列的专项行动也广泛地应用于海关监管各领域，以代号加年份的方式命名。系列专项行动虽然在海关系统中较为多见，甚至已经模式化，但是在其他政府治理领域却并不明显。

系列专项行动的出现是运动式治理规范化、制度化发展的自然结果。当某次专项行动取得良好治理成效后，之后再面临类似问题时，海关总署倾向继续套用原有经验，开展类似专项行动。渐渐地，专项行动的开展时间、流程、要求和做法逐渐优化并趋同，固化形成系列专项行动。这个固化的过程实际上是常态化治理元素逐渐融入运动式治理的过程，具有很强的规律性和可预见性，上下级之间有着许多默契。由于流程和内容与往年大同小异，降低了上级投入专项行动的组织动员成本，可以简单地套用过去方式。下级部门也能够利用这种默契，提前分解专项行动的具体要求，在完成专项行动的同时，完成一些常规治理中的考核任务。系列专项行动与典型的突发运动式治理不同，它所占用的治理资源更少，使系列专项行动的持续性得以加强。

四 融合状态：运动式治理与常态化治理要素兼备

运动式治理如何向常态化治理的转型是近年来研究的重点，许多学者发现存在运动式治理与常态化治理共存和融合的新型治理模式和概念，如"常规运动""常规嵌入运动"等（刘志鹏，2020；文宏、杜菲菲2021）。在进口固体废物监管领域，海关运动式治理向常态化治理转型的过程中，也出现了一个两者的"融合状态"，它是运动式治理高频率长时间开展后，逐渐向制度化、规范化发展，最终融入了常态化元素的一种存在形式。

从系列专项行动的启动时间、持续时间、方案内容来看，已经形成了相对成熟完善的机制，具有较高的可预见性，所占用的治理资源更少，是一种相对稳定的状态。但这些专项行动仍具有运动式高位推动、打破部门壁垒、科层扁平化的特点，整体的架构也符合运动式治理的架构和流程。

在海关的其他大多数监管领域，融合状态仍是当前主流的治理模式。各个领域的系列专项行动几乎都完成了从典型的运动式治理向规范化、制度化的运动式治理发展的过程。

国家颁布进口固体废物全面清零的政策后，海关借此契机将原来的进口固体废物划分两类，分别为再生金属原料和其他固体废物。前者作为普通进口商品纳入常态化监管体系，由此将原先运动式治理的对象进行了分类重构，将再生金属这部分内容吸纳进了常态化治理。而对其他固体废物的监管和打击，则继续以融合状态进行。因此新的固体废物监管可以描述为融合状态和常态化治理共存的状态。海关通过对固体废物概念的分解，将原先的监管进行了重构，完成了部分监管对象的常态化转型。

第四节 海关运动式治理转向常态化的成因与模式

一 运动式治理困境与转型需要

海关在运动式治理频繁使用且颇为有效的形下，为何在实际工作中逐渐走向部分常态化？究其原因，对运动式的高度依赖和资源有限却同时开展多项运动导致顾此失彼的困境是其中的重要原因。

（一）高度依赖运动式治理

海关近年来开展了多种类似"绿篱"和"蓝天"的专项行动，之所以高度依赖运动式治理，一个重要原因是专项行动中案件查获数量较未发动专项行动的年份有显著的治理成效（唐皇凤，2007；刘鹏，2015）。

另一个原因在于海关垂直领导体制与实际工作地域性存在一些矛盾，使海关系统倾向于不时发动运动式治理进行纠偏。海关垂直层级为海关总署—直属海关—隶属海关三个层次。海关一线与驻地关系密切，执法监管有时会照顾当地需求，且越是一线基层执法人员，自由裁量权越大，可能导致一线海关与总署要求有所偏离。所以海关总署需要不时打破既有的科层结构和常态化的治理模式，运用运动式治理方式强化自身的管理权威，来规范直属海关和隶属海关的灵活性边界，从而对地方海关进行"纠偏"（周雪光，2017）。

（二）陷入"注意力竞争"困境

运动式治理常常占用了过多的治理资源，为满足"从重、从严、从快"的要求，往往不计成本投入人力、财力、物力（唐贤兴，2009）。多项同时开展的运动式治理任务更是成倍地消耗和抢夺常态化治理的资源。海关作为一个较为封闭的中央直属机构，人力和财力资源有限，多个专项行动同时开展难免陷入"顾此失彼"的境地，令下级海关和基层执法人员疲惫不堪。为此，下级海关只能优先满足上级重视程度高的专项行动，分配到日常工作的治理资源急剧减少。这种模式迫使更多的监管领域不断开展运动式治理来争夺治理资源和高层领导的注意力（练宏，2016）。在有限治理资源和多任务、长时段的运动式治理任务情境下，海关运动式治理陷入"顾此失彼"困境，亟须向制度化、法治化和常态化治理转型。

二 运动式治理转向常态化的模式

海关运动式治理转向常态化的模式与既有文献的发现多有相似，但同时亦有其独特的一面。

(一)渐进过程

运动式治理和常态化治理是国家治理体系的两个组成部分（如表10-4所示）。运动式治理向常态化治理转变的过程是缓慢积累、渐进转变的。进口固体废物监管的第一阶段从1991年至2014年，其运动式治理模式才逐步从"零零星星、小打小闹、各自为战、成效反复"发展至"绿篱"行动时的"全国统一、架构清晰、战果卓著"。"绿篱"行动的成功增强了海关继续采取运动式治理的信心，之后更加依赖运动式治理，并以"绿篱"行动为范本。从开展时间、领导小组组成、监管主力、协同模式、具体措施等方面来看，"蓝天"系列行动都延续了"绿篱"行动，并继续走向制度化，将各方面固定为标准的行动模板。

表10-4 　　　　运动式治理与常态化治理模式对比

要素	运动式治理	常态化治理
启动机制	高位推动	按制度启动
组织依托	领导小组跨级指挥	科层组织逐级下达
推进方式	督查、压力	按期汇报
考核机制	一票否决	按制度考核
动员机制	政治动员	按章行事

资料来源：笔者自制。

"蓝天"系列行动逐步构建了制度化的运动式治理的框架。每年行动的具体措施也以长期开展的方式得以制度化。下属海关在逐渐制度化的运动式治理中探索出了更为具体和贴合实际的措施，并形成长效机制。例如查验单兵装备、企业协调员制度、内外部的协同配合机制等已推广至全国海关，成为常态化治理措施。

运动式治理收获的良好效果，使海关更加倾向于选择此模式。随着运动式治理的时长和频次增加，一些措施逐步固化，使运动式治理已经沾染了制度化的色彩，为最终得以常态化转型奠定基础。

(二)走向融合状态与部分常态化

学界对于运动式治理和常态化治理的关系有两种主要观点。第一，当常态化治理失效时启动运动式治理，以达到"纠偏"的目的，即两者交替出现；第二，运动式治理与常态化治理以融合、嵌入等方式同时存在，构成相互影响交融的非对立式结构，即两者共存。

在海关进口固体废物监管过程中，前两个阶段对应了这两种路径。第一阶段即2014年以前的监管过程中，运动式治理与常态化治理就处于交替出现的状态。第二阶段即2015年到2020年，海关对进口固体废物的监管进入了运动式治理与常态化治理同时存在，成为一种融合状态的新治理模式。

对比第一阶段高峰的"绿篱"行动与第二阶段的代表性行动"蓝天"系列行动，可以发现，"绿篱"行动与"蓝天"系列行动在动员机制和推进方式等方面多有相同，但也有一些不同之处（表10-5）。从启动机制来看，"绿篱"行动是海关总署因中央领导人的批示临时决定开展的。"蓝天"系列行动却按"惯例"每年按期开展。在考核机制方面，"绿篱"行动依赖的是督查组的检查结果，"蓝天"行动则在事前先下发了详细的"三单对账"考核标准作为考核依据，与其他常态化工作的考核模式一致（杨志军，2016）。

表10-5　　　　　　　"绿篱"行动和"蓝天"行动对比

流程	"绿篱"行动	"蓝天"系列行动
事件出现	中央领导批示	2017—2019年没有特定触发事件，2020年为中央领导批示
有关部门重视	立即开展对应监管领域的专项行动	按流程有序开展专项行动
成立专项领导小组	由副署长担任组长，各司局一把手担任组员	由副署长担任组长，各司局一把手担任组员
召开动员部署会议	2013年2月1日召开专题部署会议。每季度召开评估总结会议	结合"国门利剑"行动召开动员部署会议
制定行动方案	制定全国统一行动方案，并要求各司局、各直属海关制定配套行动方案	4年间行动方案大同小异
执行行动方案	各条线按方案执行，并在行动期间嵌套数个小型专项行动	统一分为三个阶段执行，并部署数轮集中打击行动

续表

流程	"绿篱"行动	"蓝天"系列行动
检查反馈	每季度召开评估总结会议 由总署派出督查组检查开展情况	派出检查组并召开总结评估会议。同时,制定详细的"三单对账"考核标准,并明确提出与考核对象的职位、年度考评挂钩
总结评估	对行动情况开展总结	依托行动总结该监管领域整体工作情况

资料来源:笔者自制。

"蓝天"系列行动表明运动式治理与常态化治理的融合状态的实质是同时具有了运动式治理和常态化治理的一部分特点(表10-6),已经实现一定的制度化和规范化,具备了在较长的时段里保持下去的能力。当出现转变契机时,又可以迅速适应常态化治理模式,实现转型。

表10-6　　　融合状态包含两种治理模式的部分元素

	启动机制	传导方式	推进方式	考核机制
运动式治理	高位推动	领导小组跨级指挥	督查	一票否决
融合状态	制度化	领导小组跨级指挥	督查	按制度考核
常态化治理	制度化	科层组织	按期汇报	按制度考核

资料来源:笔者自制。

总的来看,海关进口固体废物监管从运动式治理出发,在充分发展后达到一定的制度化和规范化程度,即同时融合运动式治理和常态化治理的部分元素,成为一种新的"融合状态"。然后在一定的契机下,通过分解和重构的方式,将监管对象中的部分吸纳到常态化治理体系中。这是运动式治理向常态化治理转型的一种路径。

第五节　小结

运动式治理的常态化转型是治理研究中的重要议题。作为中央垂直管理机构，海关的监管和内部管理有鲜明的特色，在许多方面都偏爱使用运动式治理。本章以海关对进口固体废物监管模式的转变过程为案例，细数了30年来该监管领域运动式治理的兴起、发展和转型过程，并分为三个阶段，第一阶段是运动式治理零星开展并持续完善，并迎来了作为高峰的"绿篱"行动；第二阶段是运动式架构包裹常态化要求的融合与嵌入阶段；第三阶段是通过重构与吸纳，实现运动式治理的部分常态化转型阶段。本章分析了运动式治理如何向常态化治理转变，发现海关之所以会从运动式治理转向常态化治理，其成因是对运动式治理的依赖性过高，并且常常陷入"顾此失彼"境地，使常态化转型迫在眉睫。向常态化治理的转化模式主要通过在运动式治理中融入常态化治理的部分元素，达到兼具运动和常态的新型融合状态，甚至形成系列专项行动，进而寻求进一步转型的可能性。

虽然对进口固体废弃物的新监管模式已经建立，但在执行过程也产生了新的问题。例如，再生金属原料的界定复杂。进口货物属于可进口的再生金属原料还是不符合环保要求需退运出境的，甚至是洋垃圾？这些依赖于海关一线监管部门的判断和实验室对金属成分含量等的检测鉴定报告，造成通关效率降低，由此进一步带来再生金属原料查验率过高的问题。在2018年机构改革中，国家质检总局的出入境检验检疫管理职责和队伍划入海关总署，实现"关检融合"，机构合并后新的监管方式还需要不断摸索和完善。未来对进口固体废弃物的监管也还有许多工作要做。

第十一章

结　　论

　　政策执行是在政府组织环境中完成的。政府组织内部的架构与运作模式深刻影响着政策执行的好坏。本书主要从上下级政府间关系出发，考察中国政府和生态环保相关部门内部的上下级关系的转变过程，以及这些上下级关系如何具体影响了环境政策的执行方式与执行效果等。

　　一般认为，中央与地方在环境保护上的意愿与偏好是不尽相同的。地方可能出于经济发展等需要，有意愿和动力适当降低环保政策的执行标准。而中央政府要承担的角色是制定统一、最低的环保标准，防止地方政府间恶性的"逐底竞争"。为了遏制地方政府可能的偏差行为，就需要中央和上级政府采取命令、激励和信息控制等方法加强对地方偏差行为的遏制。为此，中央出台了一系列新的举措，重新界定了环保领域里的上下级关系，具体包括对环境保护法律中涉及上下级关系条款的修改、将环保纳入政绩考核、强化垂直管理、监控事权上收、重点企业直接监控、区域限批、环保督察与环保约谈等。通过这些加强压力与信息控制的举措，中央和上级政府明显增强了对地方环保政策执行的管控力度。

　　理解为何加强压力与信息控制十分重要，可以从讨论地方政府过去的选择性环保政策执行来理解。如果将环保领域的各项政策分为不同的子类型，可以发现，那些中央采用了目标责任制等高压力和激励方式的政策领域往往成为地方优先重视的领域。但在采取了高压力的政策领域中，一些领域可能由于中央难以搜集准确信息或难以量化，使得考核成为空话、形式或者象征。而在另外一些领域，由于上级易于搜集准确信息进行量化和评比，成为地方上实际看重的政策领域。地方政府依此策略式地优先重视那些有相应目标责任制规定并能够量化考核的政策任务，而对有目标责任制规定任务但难以量化考核政策领域则采取漠视或形式化的执行方式。而对于中央没有采取高压力的另一些政策领域，有些易于取得量化成绩的，地方可能根据本地区情况执行，起到一定的环保政绩加分作用。对于既没有目标责任制又没有量化考核机制的政策领域，地方政府则会在政策执行中相对漠视。

在近年来中央采取的一系列环保举措中，环保督察和省以下环境监测监察执法垂直管理改革最为深刻的改变了环境保护领域的上下级政府间关系。中央环保督察自上而下，由高规格督察人员通过密集的检查、广泛的社会动员和严格的考核和问责措施对区内环境问题进行巡回督察，给予了地方极大压力。地方政府和环保局为此在组织战略上选择了积极调适，采取了一系列重构地方环保工作职责的组织结构调适措施，包括在纵向上采用出台文件、领导小组设立与网格化压力传导，在横向关系中成立环保委员会和建立联动执法机制，在部门内部设立专门迎检小组等措施。这些纵向提升事权和横向扩权的举措有一部分已逐渐制度化固定下来，增强了地方政府的环境保护力度。

环保督察在有效动员地方政府进行环境治理时，也带来了在督察整改期间一些地方简单、粗暴的"一刀切"行为。这种地方"在督察时因担心问责，不分是违法还是合法，采取一律停工停业停产的做法"是生态环境部点名和反对的"一刀切"。在生态环境部多次要求整治地方"平时不作为、急时一刀切"现象的情况下，这种"一律关停""先停再说"的现象为何仍屡禁不止？案例表明，在环保督察压力下，地方政府在应对一些具体环境任务时，如果认为治理资源能够匹配该任务情境中的治理难度，便倾向于选择常用的集中整治方式。而在应对另一些具体环境任务时，当地方认为其治理资源不能匹配该任务情境中的治理难度时，则倾向于选择"一刀切"关停方式。基层政府的不同选择，不仅要考虑上下级科层结构中的压力大小和责任风险问题，还需要权衡地方政府资源与治理情境难度的匹配程度。

国家为何会推行省以下环保机构监测监察执法垂直管理？这些改革又何以提升地方政府的环保执法强度？运用组织和政府间关系的相关理论剖析一个县的案例发现，省以下垂直管理改革改变了地方环保体系的结构，将环保机构由"块块"为主改为"条条"为主，将原横向隶属部门变为上级考核派出部门，上收了环境监测监察职能，建设了更为专业的执法队伍，对企业和排污单位的监管更为独立等。这些方式加强了地方环保机构执法的强度和有效性。

省以下环保机构的垂直管理改革冲破了原有部门间的既定权力格局，有助于提高地方的环境保护力度。但因为涉及许多利益的调整，在改革过程中充满了上下级之间复杂的博弈谈判过程。由中央权威推动下的上下级谈判因其特殊的情境，对各参与方的行为产生了不同影响。对一个省市互动的案例研究发现，在既定的改革背景和等级结构下，下级只能针对改革方案为自身利益进行有限的讨价还价而不能全盘拒绝。反观上级，面对下级在政策范围内的合理诉求，也时常需要退让以促成改革及时落地。因此上下级在谈判过程中均不可退出，只能就改革方案进行有限的博弈协商。机构改革谈判中的上下级各方需要围绕中央权威文件进行谈判，但是上下级对权威文件的运用却有着不同的出发点。从上级角度来看，借力中央文件，改革已经有了足够的权威和合法性，只要在中央文件基础上结合本地情况即可"转译"落地。从下级角度来看，在不能退出的情境下，就更需要主动呼吁并提供足够信息和依据来促成谈判妥协。为了兼顾全国统一性和各地差异性，中央文件往往有着许多模糊和照顾地方的表述，下级从中便可以借用于己有利之处来向上级讨要谈判空间。因此上下级的谈判内容主要围绕中央权威文件展开，对文件中的模糊论述需要通过反复谈判来达成协议。

在环保相关领域的治理中，运动式治理不时被运用。为何运动式治理如此高频被使用，它起到了什么作用？它又是如何退场的？以"条条"为主的海关领域对进口固体废弃物监管模式的案例经历了多次的运动式治理后，逐渐将这些运动式治理常态化，出现了运动式治理与常态化治理融合与重构的现象。

本书的主要发现呼应和扩展了学界的相关研究。在对政府间关系如何影响地方治理方面，前人研究已经广泛涉及压力型体制、督查体制、常规治理、运动式治理、选择性执行、条块关系、政府内部上下级谈判、权威体制与有效治理关系等。这些既有研究为理解国家治理与地方政府运作提供了扎实的分析框架与元素。本书在此基础上，具体以地方环保治理为主要研究对象，得出的发现与既有的研究有许多相似与扩展之处。

例如，对环保的选择性执行研究可以发现，不仅一级政府会对各项事务有轻重缓急的优先顺序考虑（O'Brien & Li，1999），地方环保部门内部也会因为上级考核压力和考核指标的可获得性对不同的环保子政策进行优先程度的排序。

对环保督察的研究发现与现有发现既有相同也有不同。从相同点来看，地方和部门都十分重视迎检工作，临时组建了相关小组等。从不同点看，许多检查与迎检工作是"一阵风"，表现为地方在迎检期间工作十分努力，但检查完成后可能恢复为常态中的消极执行（艾云，2011）。而环保督察带来的高压不仅带来短时的迎检压力，还因为环保督察已经逐渐常态化、制度化，也在长时段里提高了环保治理的成效。

对省以下环保机构垂直管理改革的研究拓展了机构改革和条块变革的研究内容。垂直管理改革通常是中央采取一些"条"的形式将部门适度抽离出来，以遏止这些部门在"块块"管理中的一些偏离中央目标的行为。类似做法在自然资源和市场监管等领域多有探索和反复。环保领域省以下垂直管理改革较为成功地改变了地方政府在环保事务上的努力程度。在此改革过程中，有着复杂的上下级谈判博弈过程。本书将以往机构改革中较少具体描绘的垂直管理改革中的上下级博弈过程进行了剖析，拓展了现有研究。

目前中国的环境政策仍然处于不断的转型之中，环境保护领域里上下级关系也在不断调整中，未来还需要持续观察这些举措及其对政策执行的影响效果。

参考文献

中文文献

欧阳静：《策略主义：桔镇运作的逻辑》，中国政法大学出版社2011年版。

冉冉：《中国地方环境政治：政策与执行之间的距离》，中央编译出版社2015年版。

荣敬本、崔之元、王拴正等：《从压力型体制向民主合作体制的转变：县乡两级政治体制改革》，中央编译出版社1998年版。

王绍光、胡鞍钢：《中国国家能力报告》，辽宁人民出版社1993年版。

周飞舟：《以利为利：财政关系与地方政府行为》，上海三联书店2012年版。

[德]马克斯·韦伯：《支配社会学》，康乐、简惠美译，上海三联书店2020年版。

艾云：《上下级政府间"考核检查"与"应对"过程的组织学分析——以A县"计划生育"年终考核为例》，《社会》2011年第3期。

敖平富、秦昌波、巨文慧：《环境执法在环保垂改中的基本路径与主要任务》，《中国环境管理》2016年第6期。

曹正汉：《中国上下分治的治理体制及其稳定机制》，《社会学研究》2011年第1期。

曹正汉、王宁：《从矿区政府到地方政府：中国油田地区条块关系的形成与演变》，《社会》2019年第5期。

曹正汉、王宁：《一统体制的内在矛盾与条块关系》，《社会》2020年第4期。

曹正汉、周杰：《社会风险与地方分权——中国食品安全监管实行地方分级管理的原因》，《社会学研究》2013年第1期。

曾毅、李月军：《政策执行过程中的否决点问题——以煤炭安全生产管理为例》，《中国行政管理》2013年第2期。

陈恩：《常规治理何以替代运动式治理——基于一个县计划生育史的考察》，《社会学评论》2015年第5期。

陈家建：《督查机制：科层运动化的实践渠道》，《公共行政评论》2015年第2期。

陈家建、张琼文：《政策执行波动与基层治理问题》，《社会学研究》2015年第3期。

陈那波、李伟：《把"管理"带回政治——任务、资源与街道办网格化政策推行的案例比较》，《社会学研究》2020年第4期。

陈晓红、朱蕾、汪阳洁：《驻地效应——来自国家土地督察的经验证据》，《经济学（季刊）》2019年第1期。

狄金华：《通过运动进行治理：乡镇基层政权的治理策略——对中国中部地区麦乡"植树造林"中心工作的个案研究》，《社会》2010年第3期。

杜月：《制图术：国家治理研究的一个新视角》，《社会学研究》2017年第5期。

冯猛：《政策实施成本与上下级政府讨价还价的发生机制——基于四东县休禁牧案例的分析》，《社会》2017年第3期。

冯仕政：《中国国家运动的形成与变异：基于政体的整体性解释》，《开放时代》2011年第1期。

冯志峰：《中国政治发展：从运动中的民主到民主中的运动——一项对110次中国运动式治理的研究报告》，《甘肃理论学刊》2010年第1期。

郭凤林、顾昕：《国家监测能力的建构与提升——公共卫生危机背景下的反思》，《公共行政评论》2020年第3期。

何艳玲、汪广龙：《不可退出的谈判：对中国科层组织"有效治理"现象的一种解释》，《管理世界》2012年第12期。

贾秀飞、贺东航：《融通、同构与转型：运动式环境治理与政治势能的联动逻辑》，《哈尔滨工业大学学报》（社会科学版）2021年第3期。

江依妮、曾明：《中国政府委托代理关系中的代理人危机》，《江西社会科学》2010年第4期。

郎友兴：《中国应告别"运动式治理"》，《同舟共进》2008年第1期。

李林倬：《基层政府的文件治理——以县级政府为例》，《社会学研究》2013年第4期。

李瑞昌：《中国公共政策实施中的"政策空传"现象研究》，《公共行政评论》2012年第3期。

李晓燕：《社会治理现代化的必由之路：从运动式治理走向法治——党的十八届四中全会精神的解读》，《理论探讨》2015年第1期。

李有学：《运动式治理问题研究述评》，《河南大学学报》2014年第3期。

练宏：《注意力竞争——基于参与观察与多案例的组织学分析》，《社会学研究》2016年第4期。

刘骥、熊彩：《解释政策变通：运动式治理中的条块关系》，《公共行政评论》2015年第6期。

刘坤：《大部制的组织理论基础论析》，《学术论坛》2008年第8期。

刘鹏：《运动式监管与监管型国家建设：基于对食品安全专项整治行动的案例研究》，《中国行政管理》2015年第12期。

刘鹏、刘志鹏：《街头官僚政策变通执行的类型及其解释——基于对H县食品安全监管执法的案例研究》，《中国行政管理》2014年第5期。

刘学之、张婷、孙鑫等：《中国固体废物进口的现状及监管问题分析》，《科技导报》2017年第22期。

刘志鹏：《常规开展的"运动"：基于示范城市评比的研究》，《公共管理与政策评论》2020年第4期。

吕德文：《治理技术如何适配国家机器——技术治理的运用场景及其限度》，《探索与争鸣》2019年第6期。

吕方：《治理情境分析：风险约束下的地方政府行为——基于武陵市扶贫办"申诉"个案的研究》，《社会学研究》2013年第2期。

吕方、梅琳：《复杂政策与国家治理：基于国家连片开发扶贫项目的讨论》，《社会学研究》2017年第3期。

倪星、王锐：《从邀功到避责：基层政府官员行为变化研究》，《政治学研究》2017年第2期。

倪星、王锐：《权责分立与基层避责：一种理论解释》，《中国社会科学》2018年第5期。

倪星、原超：《地方政府的运动式治理是如何走向"常规化"的？——基于S市市监局"清无"专项行动的分析》，《公共行政评论》2014年第2期。

倪星、谢水明：《上级威权抑或下级自主：纵向政府间关系的分析视角及方向》，《学术研究》2016年第5期。

欧阳静：《论基层运动型治理——兼与周雪光等商榷》，《开放时代》2014年第6期。

冉冉：《"压力型体制"下的政治激励与地方环境治理》，《经济社会体制比较》2013年第3期。

冉冉：《中国环境政治中的政策框架特征与执行偏差》，《教学与研究》2014年第5期。

沈荣华：《分权背景下的政府垂直管理：模式和思路》，《中国行政管理》2009年第9期。

石磊：《基层执法纠偏的路径探索——以环保"一刀切"为例》，《长白学刊》2020年第1期。

孙畅：《地方环境监察监测执法垂直管理体制改革：利弊争论与改革方向》，《中国行政管理》2016年第12期。

孙雨、邓燕华：《技术治官下的剩余信息生产权博弈：以环境空气质量监测为例》，《南京社会科学》2019年第2期。

谈婕、郁建兴、赵志荣：《PPP落地快慢：地方政府能力、领导者特征与项目特点——基于项目的连续时间事件史分析》，《公共管理学报》2019年第4期。

唐皇凤：《常态社会与运动式治理——中国社会治安治理中的"严打"政策研究》，《开放时代》2007年第3期。

唐贤兴：《政策工具的选择与政府的社会动员能力——对"运动式治理"的一个解释》，《学习与探索》2009年第3期。

唐啸、陈维维：《动机、激励与信息——中国环境政策执行的理论框架与类型学分析》，《国家行政学院学报》2017年第1期。

陶然、苏福兵、陆曦、朱昱铭：《经济增长能够带来晋升吗？——对晋升锦标竞赛理论的逻辑挑战与省级实证重估》,《管理世界》2010 年第 12 期。

田雄、郑家昊:《被裹挟的国家:基层治理的行动逻辑与乡村自主——以黄江县"秸秆禁烧"事件为例》,《公共管理学报》2016 年第 2 期。

王辉:《运动式治理转向长效治理的制度变迁机制研究——以川东 T 区"活禽禁宰"运动为个例》,《公共管理学报》2018 年第 1 期。

王连伟、刘太刚:《中国运动式治理缘何发生?何以持续?——基于相关文献的述评》,《上海行政学院学报》2015 年第 3 期。

文宏、杜菲菲:《借势赋能:"常规"嵌入"运动"的一个解释性框架——基于 A 市"创文"与营商环境优化工作的考察》,《中国行政管理》2021 年第 3 期。

吴舜泽:《环保垂直管理制度改革核心在于重构发展与保护条块责任体系》,《环境保护》2016 年第 22 期。

吴舜泽、秦昌波:《关于地方环保机构监测监察执法垂直管理制度改革重点任务的基本考虑》,《中国环境管理》2016 年第 5 期。

刑树威:《省以下环保机构监测监察执法垂直管理制度下的监测管理体系构建模式探讨》,《环境保护》2017 年第 6 期。

熊超:《环保垂改对生态环境部门职责履行的变革与挑战》,《学术论坛》2019 年第 1 期。

徐康宁、陈丰龙、刘修岩:《中国经济增长的真实性:基于全球夜间灯光数据的检验》,《经济研究》2015 年第 9 期。

徐湘林:《转型危机与国家治理:中国的经验》,《经济社会体制比较》2010 年第 5 期。

薛澜、赵静:《转型期公共政策过程的适应性改革及局限》,《中国社会科学》2017 年第 9 期。

杨爱平、余雁鸿:《选择性应付:社区居委会行动逻辑的组织分析:以 G 市 L 社区为例》,《社会学研究》2012 年第 4 期。

杨华、袁松:《中心工作模式与县域党政体制的运行逻辑——基于江西省 D 县调查》,《公共管理学报》2018 年第 1 期。

杨瑞龙、王元、聂辉华:《"准官员"的晋升机制:来自中国央企的证据》,《管理世界》2013 年第 3 期。

杨雪冬：《压力型体制：一个概念的简明史》，《社会科学》2012 年第 11 期。

杨志军：《运动式治理悖论：常态治理的非常规化——基于网络"扫黄打非"运动分析》，《公共行政评论》2015 年第 2 期。

杨志军：《从非常规常态治理到新型常态治理》，《探索与争鸣》2016 年第 7 期。

杨志军、彭勃：《有限否定与类型化承认：评判运动式治理的价值取向》，《社会科学》2013 年第 3 期。

叶林、杨宇泽：《行政区划调整中的政府组织重构与上下级谈判——以江城撤市设区为例》，《武汉大学学报》（哲学社会科学版）2018 年第 3 期。

袁凯华、李后建：《官员特征、激励错配与政府规制行为扭曲：来自中国城市拉闸限电的实证分析》，《公共行政评论》2015 年第 6 期。

原超：《"领导小组机制"：科层治理运动化的实践渠道》，《甘肃行政学院学报》2017 年第 5 期。

张国磊、曹志立、杜焱强：《中央环保督察、地方政府回应与环境治理取向》，《北京理工大学学报》（社会科学版）2020 年第 5 期。

张汉：《城市基层党组织调适的策略与结构——一个组织研究的视角》，《复旦政治学评论》2017 年第 1 期。

张践祚、刘世定、李贵才：《行政区划调整中上下级间的协商博弈及策略特征——以 SS 镇为例》，《社会学研究》2016 年第 3 期。

张璋：《政策执行中的"一刀切"现象：一个制度主义的分析》，《北京行政学院学报》2017 年第 3 期。

赵宇峰：《政府改革与国家治理：周期性政府机构改革的中国逻辑——基于对八次国务院机构改革方案的考察分析》，《复旦学报》（社会科学版）2020 年第 2 期。

钟兴菊：《地方性知识与政策执行成效——环境政策地方实践的双重话语分析》，《公共管理学报》2017 年第 1 期。

周黎安：《晋升博弈中政府官员的激励与合作》，《经济研究》2004 年第 6 期。

周黎安：《中国地方官员的晋升锦标赛模式研究》，《经济研究》2007 年第 7 期。

周黎安：《行政发包制》，《社会》2014 年第 6 期。

周雪光：《基层政府间的"共谋现象"——一个政府行为的制度逻辑》，《社会学研究》2008 年第 6 期。

周雪光：《权威体制与有效治理：当代中国国家治理的制度逻辑》，《开放时代》2011 年第 10 期。

周雪光：《运动型治理机制：中国国家治理的制度逻辑再思考》，《开放时代》2012 年第 9 期。

周雪光：《行政发包制与帝国逻辑：周黎安〈行政发包制〉读后感》，《社会》2014 年第 6 期。

周雪光、练宏：《政府内部上下级部门间谈判的一个分析模型——以环境政策实施为例》，《中国社会科学》2011 年第 5 期。

周雪光：《中国国家治理的制度逻辑——一个组织学研究》，《读书》2017 年第 2 期。

周志家：《环境保护、群体压力还是利益波及：厦门居民 PX 环境运动参与行为的动机分析》，《社会》2011 年第 1 期。

周志忍、徐艳晴：《基于变革管理视角对三十年来机构改革的审视》，《中国社会科学》2014 年第 7 期。

竺乾威：《地方政府的政策执行行为分析：以"拉闸限电"为例》，《西安交通大学学报》（社会科学版）2012 年第 2 期。

庄玉乙、胡蓉、游宇：《环保督察与地方环保部门的组织调适和扩权——以 H 省 S 县为例》，《公共行政评论》2019 年第 2 期。

英文文献

Adjaye, John Asafu. 2000. *Environmental Economics for Non-economists* (2 ed.). Singapore: World Scientific.

Alkon, Meir & Wang, Erik Haixiao. 2016. Pollution and Regime Support: Quasi-Experimental Evidence from Beijing. SSRN Working Paper.

Amitabh, Manu & Gupta, Rajen. 2010. Research in Strategy-Structure-Performance Construct: Review of Trends, Paradigms and Methodologies. *Journal of Management & Organization*, 16 (5), 744–763.

Asuka-Zhang, Shouchuan. 1999. Transfer of Environmentally Sound Technologies from Japan to China. *Environmental Impact Assessment Review*, 19 (5 – 6): 553 – 567.

Beeson, Mark. 2010. The Coming of Environmental Authoritarianism. *Environmental Politics*, 19 (2): 276 – 294.

Bo, Zhiyue. 1996. Economic Performance and Political Mobility: Chinese Provincial Leaders. *Journal of Contemporary China*, 5 (12): 135 – 154.

Bo, Zhiyue. 2002. *Chinese Provincial Leaders: Economic Performance and Political Mobility Since 1949*. New York: M. E. Sharpe.

Bovens, Mark & Zouridis, Stavros. 2002. From Street-Level to System-Level Bureaucracies: How Information and Communication Technology is Transforming Administrative Discretion and Constitutional Control. *Public Administration Review*, 62 (2): 174 – 184.

Brambor, Thomas, Goenaga, Agustín, Lindvall, Johannes & Teorell, Jan. 2020. The lay of the land: Information capacity and the modern state. *Comparative Political Studies*, 53 (2): 175 – 213.

Cai, Hongbin & Treisman, Daniel. 2006. Did Government Decentralization Cause China's Economic Miracle? *World Politics*, 58 (4): 505 – 535.

Cai, Yongshun. 2004. Irresponsible State: Local Cadres and Image-building in China. *Journal of Communist Studies and Transition Politics*, 20 (4): 20 – 41.

Cai, Yongshun. 2008. Power Structure and Regime Resilience: Contentious Politics in China. *British Journal of Political Science*, 38 (3): 411 – 432.

Carson, Rachel. 1962. *Silent Spring*. New York: Houghton Mifflin Harcourt.

Chambers, David Ian. 2012. The Past and Present State of Chinese Intelligence-Historiography. *Studies in Intelligence*, 56 (3): 31 – 46.

Chandler, Alfred. 1962. *Strategy and Structure: Chapters in the History of the Industrial Enterprise*. Cambridge, MA: MIT Press.

Chen, Gang. 2009. *Politics of China's Environmental Protection: Problems and Progress*. Singapore: World Scientific.

Chen, Gang. 2012. *China's Climate Policy*. London: Routledge.

Chen, Sulan & Uitto, Juha. 2003. Governing Marine and Coastal Environment in China: Building Local Government Capacity through International Cooperation. *China Environment Series* (6): 67 – 80.

Chen, Yuyu, Jin, Ginger Zhe, Kumar, Naresh & Shi, Guang. 2012. Gaming in Air Pollution Data? Lessons from China. *The B. E. Journal of Economic Analysis & Policy*, 12 (3): 1 – 43.

Chung, Jae Ho. 2016. China's Local Governance in Perspective: Instruments of Central Government Control. *The China Journal*, (75): 38 – 60.

Dalmazzone, Silvana. 2006. Decentralization and the Environment. In Ehtisham Ahmad & Giorgio Brosio (Eds.), *Handbook of fiscal federalism*. Chelteham and Northampton: Edward Elgar Publishing.

Ding, Ize. 2020. Performative governance. *World Politics*, 72 (4): 525 – 556.

Deng, Yanhua & O'Brien, Kevin J. 2013. Relational Repression in China: Using Social Ties to Demobilize Protesters. *The China Quarterly*, 215: 533 – 552.

Deng, Yanhua & O'Brien, Kevin. 2014. Societies of Senior Citizens and Popular Protest in Rural Zhejiang. *China Journal*, (71): 172 – 188.

Deng, Yanhua & Yang, Guobin. 2013. Pollution and Protest in China: Environmental Mobilization in Context. *The China Quarterly*, 214: 321 – 336.

Duit, Andreas. 2016. The Four Faces of the Environmental State: Environmental Governance Regimes in 28 Countries. *Environmental Politics*, 25 (1): 69 – 91.

Duit, Andreas, Feindt, Peter & Meadowcroft, James. 2016. Greening Leviathan: the rise of the environmental state? *Environmental Politics*, 25 (1): 1 – 23.

Duvivier, Chloé & Xiong, Hang. 2013. Transboundary Pollution in China: A Study of Polluting Firms' Location Choices in Hebei Province. *Environment and Development Economics*, 18 (4): 459 – 483.

Eaton, Sarah & Kostka, Genia. 2013. Does Cadre Turnover Help or Hinder China's Green Rise? Evidence from Shanxi Province *Chinese Environmental*

Governance: Dynamics, Challenges, and Prospects in a Changing Society (pp. 83 – 111). New York Palgrave Macmillan.

Eaton, Sarah & Kostka, Genia. 2014. Authoritarian Environmentalism Undermined? Local Leaders' Time Horizons and Environmental Policy Implementation in China. *The China Quarterly*, 218: 359 – 380.

Economy, Elizabeth C. 2004. *The River Runs Black: The Environmental Challenge to China's Future*. Ithaca & London: Cornell University Press.

Edin, Maria. 2003. "State Capacity and Local Agent Control in China: Ccp Cadre Management from a Township Perspective." *The China Quarterly* 173: 35 – 52.

Eisenhardt, Kathleen. 1989. Agency Theory: An Assessment and Review. *The Academy of Management Review*, 14 (1): 57 – 74.

Fox-Wolfgramm, S. J., Boal, K. B. & James, G. H. 1998. Organizational Adaptation to Institutional Change: A Comparative Study of First-Order Change in Prospector and Defender Banks. *Administrative Science Quarterly*, 43 (1): 87 – 126.

Gao, Jie. 2009. Governing By Goals and Numbers: A Case Study in the Use of Performance Measurement to Build State Capacity in China. *Public Administration and Development*, 29 (1): 21 – 31.

Gao, Jie. 2015a. Political Rationality vs. Technical Rationality in China's Target-based Performance Measurement System: The Case of Social Stability Maintenance. *Policy and Society*, 34 (1): 37 – 48.

Gao, Jie. 2015b. Pernicious Manipulation of Performance Measures in China's Cadre Evaluation System. *The China Quarterly*, 223: 618 – 637.

Gao, Jie. 2016. Bypass the Lying Mouths: How Does the CCP Tackle Information Distortion at Local Levels? *The China Quarterly* 228: 950 – 969.

Ghanem, Dalia & Zhang, Junjie. 2014. "Effortless Perfection": Do Chinese Cities Manipulate Air Pollution Data? *Journal of Environmental Economics and Management*, 68 (2): 203 – 225.

Gilley, Bruce. 2012. Authoritarian Environmentalism and China's Response to Climate Change. *Environmental Politics*, 21 (2): 287 – 307.

Grossman, Gene & Krueger, Alan. 1995. Economic Growth and the Environment. *Quarterly Journal of Economics*, 110 (2): 353-377.

Guo, Gang. 2007. Retrospective Economic Accountability under Authoritarianism: Evidence from China. *Political Research Quarterly*, 60 (3): 378-390.

Guo, Gang. 2009. China's Local Political Budget Cycles. *American Journal of Political Science*, 53 (3): 621-632.

He, Alex Jingwei. 2018. Maneuvering within a Fragmented Bureaucracy: Policy Entrepreneurship in China's Local Healthcare Reform. *The China Quarterly*, 236, 1088-1110.

Heilmann, Sebastian. 2008. From Local Experiments to National Policy: The Origins of China's Distinctive Policy Process. *The China Journal*, (59): 1-30.

Heilmann, S. & Perry, E. (Eds.). 2011. *Mao's Invisible Hand: The Political Foundations of Adaptive Governance in China*. Cambridge, MA: Harvard University Press.

Hirschman, A. 1970. *Exit, Voice, and Loyalty: Responses to Decline in Firms, Organizations, and State*. Cambridge, MA: Harvard University Press.

Holz, Carsten. 2014. The Quality of China's GDP Statistics. *China Economic Review*, 30: 309-338.

Hrebiniak, Lawrence & Joyce, William. 1985. Organizational Adaptation: Strategic Choice and Environmental Determinism. *Administrative Science Quarterly*, 30 (3): 336-349.

Hsu, Carolyn. 2010. Beyond Civil Society: An Organizational Perspective on State-NGO Relations in the People's Republic of China. *Journal of Civil Society*, 6 (3): 259-277.

Huang, Xibing, Dingtao Zhao, Colin G Brown, Yanrui Wu, and Scott A Waldron. 2010. "Environmental Issues and Policy Priorities in China: A Content Analysis of Government Documents." *China: An International Journal* 8 (2): 220-46.

Huang, Yasheng. 1995. The Strategic Investment Behavior of Chinese Local

GovernmentsDuring the Reform Era. *China Economic Review*, 6 (2): 169 – 186.

Huang, Yasheng. 1996. Central-Local Relations in ChinaDuring the Reform Era: The Economic and Institutional Dimensions. *World Development*, 24 (4): 655 – 672.

Huang, Yasheng. 1999. *Inflation and Investment Controls in China: The Political Economy of Central-Local Relations during the Reform Era*. Cambrige: Cambridge University Press.

Jia, Ruixue. 2014. Pollution for Promotion. *Unpublished working paper*.

Johnson, Thomas. 2010. Environmentalism and NIMBYism in China: promoting a rules-based approach to public participation. *Environmental Politics*, 19 (3): 430 – 448.

Johnson, Thomas. 2013. The Politics of Waste Incineration in Beijing: The Limits of a Top-Down Approach? *Journal of Environmental Policy & Planning*, 15 (1): 109 – 128.

Kennedy, John & Chen, Dan. 2018. State capacity and cadre mobilization in China: The elasticity of policy implementation. *Journal of Contemporary China*, 27 (111): 393 – 405.

Kingdon, John. 1984. *Agendas, Alternatives, and Public Policies*. Boston: Little, Brown.

Kostka, Genia. 2014. "Barriers to the Implementation of Environmental Policies at the Local Level in China." World Bank Policy Research Working Paper No. 7016.

Kostka, Genia. 2016. Command without Control: The Case of China's Environmental Target System. *Regulation & Governance* 10 (1): 58 – 74.

Kostka, Genia & Hobbs, William. 2012. Local energy efficiency policy implementation in China: Bridging the gap between national priorities and local interests. *The China Quarterly*, 211: 765 – 785.

Kostka, Genia & Nahm, Jonas. 2017. Central-Local Relations: Recentralization and Environmental Governance in China. *The China Quarterly*, 231: 567 – 582.

Kuhn, Philip. 1990. *Soulstealers: The Chinese Sorcery Scare of* 1768. Cambridge, MA: Harvard University Press.

Lampton, David. 1992. A Plum for a Peach: Bargaining, Interest, and Bureaucratic Politics in China. In Lieberthal, K. & Lampton, D. (Eds). *Bureaucracy, Politics, and Decision Making in Post-Mao China*. Berkeley, CA.: University of California Press.

Lang, Graeme & Xu, Ying. 2013. Anti-incinerator Campaigns and the Evolution of Protest Politics in China. *Environmental Politics*, 22 (5): 832 – 848.

Lecours, Andre. 2005. *New Institutionalism: Issues and Question*. Toronto: University of Toronto Press.

Li, Hongbin & Zhou, Li-An. 2005. Political Turnover and Economic Performance: The Incentive Role of Personnel Control in China. *Journal of Public Economics*, 89 (9): 1743 – 1762.

Li, Xiaojun & Chan, Christina Gai-Wai. 2016. Who Pollutes? Ownership Type and Environmental Performance of Chinese Firms. *Journal of Contemporary China*, 25 (98): 248 – 263.

Liang, Jiaqi. 2014. "Who Maximizes (or Satisfices) in Performance Management? An Empirical Study of the Effects of Motivation-Related Institutional Contexts on Energy Efficiency Policy in China." *Public Performance & Management Review* 38 (2): 284 – 315.

Liang, Jiaqi, and Laura Langbein. 2015. "Performance Management, High-Powered Incentives, and Environmental Policies in China." *International Public Management Journal* 18 (3): 346 – 385.

Liu, Nicole Ning, Carlos Wing-Hung Lo, Xueyong Zhan, and Wei Wang. 2015. "Campaign-Style Enforcement and Regulatory Compliance." *Public Administration Review* 75 (1): 85 – 95.

Lipsky, Michael. 1980. *Street-level Bureaucracy: Dilemmas of the Individual in Public Service*. New York: Russell Sage Foundation.

Lo, Kevin. 2015. "How Authoritarian Is the Environmental Governance of China?" *Environmental Science & Policy* 54: 152 – 59.

Lorentzen, Peter, Landry, Pierre & Yasuda, John. 2014. Undermining Authoritarian Innovation: The Power of China's Industrial Giants. *The Journal of Politics*, 76 (1): 182–194.

Luna, Juan P., Soifer, Hillel D. 2017. Capturing sub-national variation in state capacity: A survey-based approach. *American Behavioral Scientist*, 61 (8): 887–907.

Lü, Xiaobo & Landry, Pierre. 2014. Show Me the Money: Interjurisdiction Political Competition and Fiscal Extraction in China. *American Political Science Review*, 108 (3): 706–722.

Mann, M. 1984. The autonomous power of the state: Its origins, mechanisms and results. *European Journal of Sociology*, 25 (2): 185–213.

Meadows, Donella H., Meadows, Dennis L., Randers, Jørgen & Behrens, William W. 1972. *The Limits to Growth*. New Yorker: Universe Books.

Mei, Ciqi & Pearson, Margaret. 2014. Killing a Chicken to Scare the Monkeys? Deterrence Failure and Local Defiance in China. *The China Journal*, (72): 75–97.

Mertha, Andrew. 2005. China's "Soft" Centralization: Shifting Tiao/Kuai Authority Relations. *The China Quarterly*, 184: 791–810.

Midlarsky, Manus. 1998. Democracy and the Environment: An Empirical Assessment. *Journal of Peace Research*, 35 (3): 341–361.

Migdal, Joel. 1988. *Strong Societies and Weak States: State-Society Relations and State Capabilities in the Third World*. Princeton, New Jersey: Princeton University Press.

Mol, Arthur & Carter, Neil. 2006. China's Environmental Governance in Transition. *Environmental Politics*, 15 (2): 149–170.

Montinola, Gabriella, Qian, Yingyi & Weingast, Barry. 1995. Federalism, Chinese Style: The Political Basis for Economic Success in China. *World Politics*, 48 (1): 50–81.

Moore, Scott. 2014. Modernisation, Authoritarianism, and the Environment: The Politics of China's South-North Water Transfer Project. *Environmental Politics*, 23 (6): 947–964.

Morton, Katherine. 2005. *International Aid and China's Environment: Taming the Yellow Dragon.* New York: Taylor & Francis.

Nathan, Andrew. 2003. Authoritarian Resilience. *Journal of Democracy*, 14 (1): 6–17.

O'Brien, Kevin & Li, Lianjiang. 1999. Selective Policy Implementation in Rural China. *Comparative Politics*, 31 (2): 167–186

O'Brien, Kevin & Li, Lianjiang. 2006. *Rightful Resistance in Rural China.* New York: Cambridge University Press.

O'Brien, Kevin., Li, Lianjiang & Liu, Mingxin. 2020. Bureaucrat-assisted Contention in China. *Mobilization: An International Journal*, 25 (SI): 661–674.

Oates, Wallace. 1999. An Essay on Fiscal Federalism. *Journal of Economic Literature*, 37 (3): 1120–1149.

Oates, Wallace. 2002. A Reconsideration of Environmental Federalism. In John A. List & Aart De Zeeuw (Eds.), *Recent Advances in Environmental Economics* (pp. 1–32). Cheltenham, U. K: Edward Elgar.

Oi, Jean. 1992. Fiscal Reform and the Economic Foundations of Local State Corporatism in China. *World Politics*, 45 (1): 99–126.

Oi, Jean. 1995. The Role of the Local State in China's Transitional Economy. *The China Quarterly*, 144: 1132–1149.

Opper, Sonja, Nee, Victor & Brehm, Stefan. 2015. Homophily in the Career Mobility of China's Political Elite. *Social Science Research*, 54: 332–352. Nie, Jiang & Wang, 2013

Payne, Rodger. 1995. Freedom and the Environment. *Journal of Democracy*, 6 (3): 41–55.

Qian, Yingyi & Xu, Chenggang. 1993. Why China's Economic Reforms Differ: the M-form Hierarchy and Entry/Expansion of the Non-State Sector. *Economics of Transition*, 1 (2): 135–170.

Qian, Yingyi & Weingast, Barry. 1997. Federalism as a Commitment to Preserving Market Incentives. *The Journal of Economic Perspectives*, 11 (4): 83–92.

Ran, Ran. 2013. Perverse Incentive Structure and Policy Implementation Gap in China's Local Environmental Politics. *Journal of Environmental Policy & Planning* 15 (1): 17–39.

Rawski, Thomas. 2001. What is Happening to China's GDP Statistics? *China Economic Review*, 12 (4): 347–354.

Rosenbaum, Walter. 2014. *Environmental Politics and Policy* (9 ed.). Los Angeles: CQ Press.

Ross, Stephen. 1973. The Economic Theory of Agency: The Principal's Problem. *The American Economic Review*, 63 (2): 134–139.

Rumelt, R. P. 1974. *Strategy, Structure and Economic Performance*. Cambridge, MA: Harvard University Press

Saich, Tony. 2000. Negotiating the State: The Development of Social Organizations in China. *The China Quarterly*, 161: 124–141.

Salamon, Lester (Ed.). 2002. *The Tools of Government: A Guide to the New Governance*. New York: Oxford University Press.

Schwartz, Jonathan. 2003. The Impact of State Capacity on Enforcement of Environmental Policies: The Case of China. *The Journal of Environment & Development*, 12 (1): 50–81.

Shapiro, Judith. 2012. *China's Environmental Challenges*. Malden, MA: Polity Press.

Sheng, Yumin. 2007. The Determinants of Provincial Presence at the CCP Central Committees, 1978–2002: An Empirical Investigation. *Journal of Contemporary China*, 16 (51): 215–237.

Shevchenko, A. 2004. Bringing the Party Back In: The CCP and the Trajectory of Market Transition in China. *Communist and Post-Communist Studies*, 37 (2): 161–185.

Shih, Victor, Adolph, Christopher & Liu, Mingxing. 2012. Getting Ahead in the Communist Party: Explaining the Advancement of Central Committee Members in China. *American Political Science Review*, 106 (1): 166–187.

Spires, Anthony. 2011. Contingent Symbiosis and Civil Society in an Authoritarian State: Understanding the Survival of China's Grassroots NGOs. *American*

Journal of Sociology, 117 (1): 1-45.

Steinhardt, Christoph & Wu, Fengshi. 2015. In the Name of the Public: Environmental Protest and the Changing Landscape of Popular Contention in China. *The China Journal*, (75): 61-82.

Stoerk, Thomas. 2016. Statistical corruption in Beijing's air quality data has likely ended in 2012. *Atmospheric Environment*, 127: 365-371.

Sun, Ming. 2019. The effect of border controls on waste imports: Evidence from China's Green Fence campaign. *China Economic Review*, 54: 457-472.

Tang, Shui-Yan & Zhan, Xueyong. 2008. Civic Environmental NGOs, Civil Society, and Democratisation in China. *The Journal of Development Studies*, 44 (3): 425-448.

Treisman, Daniel. 2002. *Decentralization and the Quality of Government*. UCLA Manuscript.

van der Kamp, Denise. 2021. Blunt force regulation and bureaucratic control: Understanding China's war on pollution. *Governance*, 34 (1), 191-209.

van Rooij, Benjamin. 2010. The People vs. Pollution: Understanding Citizen Action against Pollution in China. *Journal of Contemporary China*, 19 (63): 55-77.

Wallace, Jeremy L. 2016. Juking the Stats? Authoritarian Information Problems in China. *British Journal of Political Science*, 46 (1): 11-29.

Wang, Alex L. 2013. "The Search for Sustainable Legitimacy: Environmental Law and Bureaucracy in China." *Harvard Environmental Law Review* 37 (2): 365-440.

Wang, Hua & Jin, Yanhong. 2007. Industrial Ownership and Environmental Performance: Evidence from China. *Environmental and Resource Economics*, 36 (3): 255-273.

Wang, Shaoguang. 2003. "China's Changing of the Guard: The Problem of State Weakness." *Journal of Democracy* 14 (1): 36-42.

Wang, Yongqin, Zhang, Yan, Zhang, Yuan, Chen, Zhao & Lu, Ming. 2008. The Cost and Benefits of Federalism, Chinese Style. In Arthur Sweetman & Jun Zhang (Eds.), *Economic Transition with Chinese Characteristics: Thirty Years of Reform and Opening up*. Montreal and Kingston: McGill-Queen's University Press.

Wang, Yuhua. 2015. Politically Connected Polluters under Smog. *Business & Politics*, 17 (1): 97 –124.

Wang, Yuhua & Minzner, Carl. 2015. The Rise of the Chinese Security State. *The China Quarterly*, 222: 339 –359.

Weaver, R. Kent. 1986. The politics of blame avoidance. *Journal of Public Policy*, 6 (4): 371 –398.

Weingast, Barry. 1995. The Economic Role of Political Institutions: Market-Preserving Federalism and Economic Development. *Journal of Law, Economics, and Organization*, 11 (1): 1 –31.

Winslow, Margrethe. 2005. Is Democracy Good for the Environment? *Journal of Environmental Planning and Management*, 48 (5): 771 –783.

Wu, Changhua, and Hua Wang. 2007. China: Seeking Meaningful Decentralization to Achieve Sustainability. In Albert Breton, Giorgio Brosio, Silvana Dalmazzone and Giovana Garrone. eds. *Environmental Governance and Decentralisation*. Cheltenham and Northampton: Edward Elgar Publishing, 397 –435.

Wu, Fengshi. 2013. Environmental Activism in Provincial China. *Journal of Environmental Policy & Planning*, 15 (1): 89 –108.

Wu, Harry X. 2007. The Chinese GDP Growth Rate Puzzle: How Fast Has the Chinese Economy Grown? *Asian Economic Papers*, 6 (1): 1 –23.

Wu, Jing, Deng, Yongheng, Huang, Jun, Morck, Randall & Yeung, Bernard. 2013. Incentives and Outcomes: China's Environmental Policy. *NBER Working Paper*, W18754.

Xiao, Kezhou, and Brantly Womack. 2014. "Distortion and Credibility within China's Internal Information System." *Journal of Contemporary China* 23 (88): 680 –697.

Xie, Lei. 2009. *Environmental Activism in China*. London and New York: Routledge.

Yan, Huiqi, Benjamin van Rooij, and Jeroen van der Heijden. 2016. The Enforcement-Compliance Paradox: Implementation of Pesticide Regulation in China. *China Information* 30 (2): 209 – 231.

Yan, Xiaojun. 2016. Patrolling Harmony: Pre-emptive Authoritarianism and the Preservation of Stability in W County. *Journal of Contemporary China*, 25 (99): 406 – 421.

Yang, Dali, Xu, Huayu & Tao, Ran. 2014. A Tragedy of the Nomenklatura? Career Incentives, Political Loyalty and Political Radicalism during China's Great Leap Forward. *Journal of Contemporary China*, 23 (89): 864 – 883.

Yang, Guobin. 2003. Weaving a Green Web: The Internet and Environmental Activism in China. *China Environment Series*, (6): 89 – 93.

Yang, Guobin. 2005a. Emotional Events and the Transformation of Collective Action. In Helena Flam & Debra King (Eds.), *Emotions and Social Movements* (pp. 79 – 95). London and New York: Routledge.

Yang, Guobin. 2005b. Environmental NGOs and Institutional Dynamics in China. *The China Quarterly*, 181: 46 – 66.

Yang, Guobin. 2009. Civic Environmentalism. In You-tien Hsing & Ching Kwan Lee (Eds.), *Reclaiming Chinese Society: The New Social Activism* (pp. 119 – 137). London and New York: Routledge.

Yasuda, John Kojiro. 2015. Why Food Safety Fails in China: The Politics of Scale. *The China Quarterly*, 223: 745 – 769.

Yu, Xueying, and Hongxia Wang. 2013. "How Should the Center Lead China's Reforestation Efforts? —Policy Making Games between Central and Local Governments." *Resources, Conservation and Recycling*, 80: 64 – 84.

Zhan, Jing Vivian. 2009. Decentralizing China: analysis of central strategies in China's fiscal reforms. *Journal of Contemporary China*, 18 (60): 445 – 462.

Zhan, Jin & Qin, Shuang. 2017. The Art of Political Ambiguity: Top-down Intergovernmental Information Asymmetry in China. *Journal of Chinese Governance*, 2 (2): 149 – 168.

Zhan, Xueyong, Lo, Carlos Wing-Hung & Tang, Shui-Yan. 2014. Contextual Changes and Environmental Policy Implementation: A Longitudinal Study of Street-Level Bureaucrats in Guangzhou, China. *Journal of Public Administration Research and Theory*, 24 (4): 1005 – 1035.

Zhang, Joy Yueyue & Barr, Michael. 2013. *Green Politics in China: Environmental Governance and State-society Relations*. London: Pluto Press.

Zhang, Q. H., W. N. Yang, H. H. Ngo, W. S. Guo, P. K. Jin, Mawuli Dzakpasu, S. J. Yang, Q. Wang, X. C. Wang, and D. Ao. 2016. "Current Status of Urban Wastewater Treatment Plants in China." *Environment International* 92 – 93: 11 – 22.

Zhang, X. H. 2017. Implementation of pollution control targets in China: Has a centralized enforcement approach worked. *The China Quarterly*, 231: 749 – 774.

Zhong, Li-Jin & Mol, Arthur. 2008. Participatory Environmental Governance in China: Public Hearings on Urban Water Tariff Setting. *Journal of Environmental Management*, 88 (4): 899 – 913.

Zhu, Xiao, Zhang, Lei, Ran, Ran & Mol, Arthur. 2015. Regional Restrictions on Environmental Impact Assessment Approval in China: The Legitimacy of Environmental Authoritarianism. *Journal of Cleaner Production*, 92: 100 – 108.

后　　记

随着我国对环境保护事务的逐步重视，政府环保部门经历了从无到有、从弱变强的过程，在发展壮大的过程中进行了多次机构改革，逐渐形成了一套完整的运作和执行机制，从立法、监测、监察和执法等方面全面加强了环境保护的力度。其中的上下级政府关系和政策执行方式也经历了多次改革，对环境治理的效果产生了深远影响。

本书回顾了既有对中国环境治理体系的研究，简述了中国环保体制的变迁和运作方式，描述了中央和地方政府在环保事务上的偏好和行为选择，对环保督察工作、省以下垂直管理改革和运动式监管模式等进行了研究，以期增进对中国环保系统运作和改革逻辑的理解。近年来的生态环境保护已经取得了显著的成效，这证明了一系列环保相关机构改革的必要性和正确性。机构改革仍在进行中，未来的发展仍需持续关注和观察。

本书是国家社会科学基金青年项目的成果，其中，第六章、第七章和第九章的主要内容已经在相关期刊发表。作为集体创作的结晶，本书的具体参与者还包括如下作者。

第三章：苏毅辉

第六章：胡蓉

第七章：胡蓉

第八章：庄佳蓉

第九章：刘硕

第十章：孟洛菲

本书凝聚了他们的努力和贡献,在此诚挚感谢。

庄玉乙

2024 年 5 月 18 日